Thomas Bührke

GEHEIMNISVOLLE SCHATTENWELT

Dunkle Materie im All

KOSMOS

Mit 26 zum Teil farbigen Abbildungen und 17 Grafiken von Gerhard Weiland

Umschlaggestaltung: Atelier Reichert, Stuttgart, unter Verwendung der Deep-Field-Aufnahme des Hubble Weltraumteleskops (NASA-Foto) und einer Grafik von Margaret Geller und John Huchra

Die Deutsche Bibliothek – CIP-Einheitsaufnahme

Bührke, Thomas:
Geheimnisvolle Schattenwelt / Thomas Bührke.
[Grafiken von Gerhard Weiland]. –
Stuttgart : Kosmos, 1997
(Kosmos-Report)
ISBN 3-440-07026-3

Der Autor:
Dr. Thomas Bührke studierte in Göttingen und Heidelberg Physik und Astronomie. Seit 1990 ist er Redakteur der Zeitschrift „Physik in unserer Zeit" und arbeitet darüber hinaus als freier Wissenschaftsjournalist für überregionale Tageszeitungen und populärwissenschaftliche Monatszeitschriften.

ISBN 3-440-07026-3
Lektorat: Hermann-Michael Hahn
Herstellung: Siegfried Fischer
Printed in Germany/Imprimé en Allemagne
Satz: Typomedia Satztechnik GmbH, Ostfildern
Druck und Bindung: Westermann Druck Zwickau GmbH, Zwickau

Inhalt

Von den kristallenen Sphären zum expandierenden Universum

„Und auf welche Weise willst du denn, mein Sokrates, die Untersuchung anstellen über einen Gegenstand, von dem du überhaupt nicht weißt, was er ist?“ Wie ließe sich die Situation der Astronomen besser beschreiben als mit dieser Frage, die Menon in einem der berühmten Dialoge Platons seinem Lehrer Sokrates stellt. Zwar ging es den beiden um den Begriff der Tugend, aber Menons Frage trifft ebenso auf ein grundsätzliches Problem der astronomischen Forschung zu.

Das Handwerk des Astronomen

Wenn wir danach fragen, wie ein Gegenstand beschaffen ist, dann haben wir meistens die Möglichkeit, diesen zu sehen oder unmittelbar zu untersuchen. Ein Haus können wir von allen Seiten betrachten und sein Inneres erkunden, sofern wir den Schlüssel für die Eingangstür besitzen.

Licht – der Schlüssel zur Astrophysik

Die Astronomen sind da wesentlich schlechter dran. Sie können ihre Objekte, die Sterne und Galaxien, Gasnebel und Staubwolken, nicht anfassen oder vor Ort untersuchen, wenn man einmal von den Planeten in unserem kosmischen Vorgarten absieht. Sie können sie ausschließlich sehen. In vielen Fällen erscheinen Himmelskörper wie die Sterne oder die Milliarden von Lichtjahren entfernten Quasare selbst in den größten Teleskopen stets als Lichtpunkte. Wie ist es dann überhaupt möglich, herauszufinden, was diese himmlischen Objekte wirklich sind? Woher nehmen die Astronomen die Gewißheit zu sagen: Sterne sind heiße Gasbälle wie unsere Sonne, und Quasare sind extrem leuchtkräftige Zentralbereiche von Galaxien?

Des Rätsels Lösung liegt darin, daß man die Strahlung der Objekte analysiert, indem man sie spektral zerlegt. Bei dieser Untersuchung legen die Wissenschaftler eine entscheidende Voraussetzung zu Grunde: Sie gehen davon aus, daß die physikalischen Gesetze, die sie im irdischen Labor experimentell ermittelt haben, genauso in jedem Teil des Universums gelten.

Die Physiker ordnen einer bestimmten Temperatur eine Intensitätsverteilung im Spektrum zu, wie es im Planckschen Strahlungsgesetz vorgezeichnet ist.

Ein Beispiel soll dies verdeutlichen: Wenn man einen Körper erhitzt, fängt er irgendwann an in rotem Licht zu glimmen. Mit steigender Temperatur erscheint er gelb und schließlich blau. Zerlegt man das Licht eines solchen leuchtenden Körpers spektral, so sieht man, daß im Spektrum alle Farben vertreten sind. Wir sehen ihn jedoch in der Farbe, in der er am intensivsten strahlt.

Dieses nach Max Planck benannte Naturgesetz wenden die Wissenschaftler bei der Untersuchung des Lichts von Sternen an. Aus der Intensitätsverteilung schließen sie auf die Temperatur der leuchtenden Quellen. Prototyp für Analysen dieser Art ist natürlich die Sonne, da sie uns wesentlich näher ist als jeder Fixstern. Daß unsere Sonne aus Gas besteht und nicht etwa aus Stein oder Eisen, läßt sich ebenfalls aus dem Spektrum des Sonnenlichts ablesen. Astronomen sind wegen dieser Arbeitsweise heute fast allesamt Astrophysiker.

Diese heute selbstverständlich erscheinende Darstellung astrono-

Ein neues Weltbild?

Die Anwendung physikalischer Gesetze auf astronomische Beobachtungsergebnisse hat zu unserem heutigen Verständnis des Universums und der darin enthaltenen Materie geführt. Diese „klassische" Methode versagt indes bei der Dunklen Materie. Sie sendet weder Licht aus, noch verschluckt sie es. Und doch läßt sie sich mit verschiedenen trickreichen Methoden nachweisen. Wenn ihre Natur entschlüsselt ist, werden wir vielleicht ein neues Weltbild gefunden haben, das sich bereits heute konturenhaft abzeichnet. Ein Weltbild, in dem die bekannte Materie nur ein „Dreckeffekt" im Universum ist, die leuchtenden Galaxien nur Schaumkronen auf einem unsichtbaren Ozean sind.

Blaue Sterne sind sehr heiß, rote Sterne dagegen kühler. Diesen Zusammenhang, der sich in den Beobachtungsgrößen Leuchtkraft und Spektraltyp ausdrückt, fanden im ersten Jahrzehnt dieses Jahrhunderts der Däne Ejnar Hertzsprung und der Amerikaner Henry Norris Russell.

mischer Forschungsergebnisse ist noch gar nicht so alt. Als Geburtsstunde der Astrophysik wird im allgemeinen die Entdeckung des Zusammenhangs zwischen Farbe und Temperatur der Sterne angesehen, der auf dem beschriebenen Planckschen Strahlungsgesetz beruht.

Die Entwicklung der Quantenmechanik in den dreißiger Jahren brachte schließlich noch einmal einen enormen Schub für die Astrophysik. Mit dieser Theorie der Atome war man erstmals in der Lage, die sogenannten Emissionslinien quantitativ zu deuten. Sie entstehen, wenn Atome angeregt werden und strahlen. Einzelne Atome geben das Licht nicht über einen großen Bereich ab, wie ein glühendes Stück Eisen oder auch ein Stern, sondern sie strahlen nur in wenigen und ganz engen Spektralbereichen. Spaltet man das Licht eines leuchtenden Atoms mit einem Prisma auf, so sieht man nicht die gesamten

Die längstbelichtete Aufnahme mit dem Hubble-Weltraumteleskop zeigt: Am gesamten Himmel sind (hochgerechnet) über 40 Milliarden Galaxien erkennbar. Sind sie nur die Spitze eines riesigen Materie-Eisberges? (Foto: NASA/ESA)

Spektralfarben, sondern nur einige schmale Linien, die Emissionslinien.

Die Quantenmechanik, wie sie von Bohr, Heisenberg, Schrödinger und anderen entwickelt wurde, lieferte den Schlüssel zu diesem Phänomen. Mit ihr war es möglich, aus den Sternspektren wichtige physikalische Größen, wie Dichte oder Temperatur der Gase zu ermitteln, Elementhäufigkeiten abzuleiten, Sternatmosphären und Sternaufbau zu berechnen und mit den Beobachtungsgrößen in Zusammenhang zu bringen.

Ein wesentliches Merkmal der kulturellen Entwicklung besteht darin, daß überholte Weltbilder gestürzt und neue errichtet werden, die ebenfalls nur von begrenzter Dauer sind. Es ist lohnenswert, den Wechsel der verschiedenen Weltanschauungen noch einmal kurz Revue passieren zu lassen, um sich darüber klar zu werden, daß auch die heutige Vorstellung vom Universum nur eine Zwischenstation ist.

Weltbilder kommen und gehen

Schon im 6. Jahrhundert vor Christus hatte Pythagoras erkannt, daß die Erde eine Kugel sein müsse. In den folgenden 200 Jahren haben dann eine Reihe von Gelehrten ein Modell des Universums entworfen, das vor allem philosophischen Grundregeln gehorchte. So mußten sich die Himmelskörper auf vollkommenen Bahnen, nämlich Kreisen, bewegen. Tatsächlich stellte man sich vor, die Himmelskörper wären auf Schalen (Sphären) angebracht, die die Erde konzentrisch umgaben.

Baumeister des geozentrischen Weltbildes, das nahezu 2000 Jahre Bestand hatte und in dem die Erde im Mittelpunkt des Universums ruht, waren die Griechen.

Eudoxos von Knidos konstruierte etwa in der Mitte des 4. Jahrhunderts vor Christus ein System aus vermutlich insgesamt 30 durchsichtigen Sphären. Im Weltmodell des Aristoteles drehten sich nicht weniger als 47 solcher Schalen um die Erde. Claudius Ptolemäus entwickelte das geozentrische System um 150 nach Christus bis zur Perfektion weiter und veröffentlichte es in seinem berühmten *Almagest*.

Dieses Buch blieb rund 1400 Jahre lang das maßgebliche astronomische Standardwerk, bis es im Räderwerk der göttlichen Sphären zu quietschen und zu knarren begann. Nikolaus Kopernikus behauptete

1543 in seinem Werk *De revolutionibus orbium coelestium* (Über die Kreisbewegung der Weltkörper), nicht die Erde ruhe im Zentrum des Universums, sondern die Sonne, und die damals bekannten sechs Planeten würden sie umkreisen. Allerdings blieb die Kopernikanische Idee ein halbes Jahrhundert lang weitgehend unbeachtet.

Der Sturm brach erst zu Beginn des 17. Jahrhunderts los, als Philosophen und Naturforscher wie Giordano Bruno und Galileo Galilei die Idee ernst nahmen und damit die Kirche zu einem Kampf herausforderten, der bekanntlich von letzterer zeitweise mit unerbittlicher Härte geführt wurde. Doch es gab nicht nur Glaubensgründe gegen das neue Weltsystem. Auch wissenschaftliche Argumente wurden vorgebracht, von denen eines ein ganz menschliches war: Man fand es unvorstellbar, daß die Menschheit auf einer mit enormer Geschwindigkeit durchs All rasenden Kugel leben sollte, ohne etwas davon zu bemerken. Eine Fehleinschätzung der physikalischen Gesetze, die erst Galilei klären sollte.

„Eine neue wissenschaftliche Wahrheit pflegt sich nicht in der Weise durchzusetzen, daß ihre Gegner überzeugt werden und sich als belehrt erklären, sondern vielmehr dadurch, daß die Gegner allmählich aussterben und daß die heranwachsende Generation von vornherein mit der Wahrheit vertraut gemacht wird." (Max Planck)

Schließlich mußte die erhabene Gottheit noch weiter hinter physikalische Gesetze zurücktreten, als der britische Physiker Isaac Newton entdeckte, daß die in der Himmelsmaschinerie waltenden Kräfte dieselben sind wie diejenigen, die auf der Erde dafür sorgen, daß ein Apfel zum Boden fällt. Dieses fundamentale Gesetz der Schwerkraft, im Jahre 1687 veröffentlicht, prägte bis zum Beginn dieses Jahrhunderts das Denken der Menschen.

Die Umwälzungen im Weltbild verlangten den Menschen einiges ab. Die Erde und mit ihr der Mensch wurden aus dem Mittelpunkt des Universums verstoßen, und eineinhalb Jahrhunderte später stellte Newton die Gesetze des Himmels, in denen sich die göttliche Vollkommenheit widerspiegeln sollte, auch noch den eher profanen Kräften auf der Erde gleich.

Die aber vielleicht größte Revolution unseres Weltbildes hat sich zu Beginn dieses Jahrhunderts vollzogen: durch Einsteins Relativitätstheorie.

Die Einsteinsche Revolution

Wir schreiben das Jahr 1915. Albert Einstein hat mit seiner Arbeit „Die Feldgleichungen der Gravitation" die „allgemeine Relativitätstheorie als logisches Gebäude abgeschlossen", wie er selbst schrieb. Diese Theorie revolutionierte die Vorstellungen von Raum und Zeit, wie sie seit Newton in den Köpfen herrschten. Bei Newton war der Raum etwas Absolutes, das „ohne Beziehung auf einen äußeren Gegenstand stets gleich und unbeweglich" blieb. Er bildete sozusagen eine unveränderliche Kulisse, vor der sich das Weltgeschehen abspielte. Die Zeit verfloß gleichförmig und war ebenfalls unbeeinflußt von Vorgängen oder Objekten in der Natur. Oder anders gesagt: Uhren gehen überall und immer gleich schnell.

Albert Einstein revolutionierte unsere Vorstellungen von Raum und Zeit.

Einsteins Welt sah gänzlich anders aus. In ihr waren Zeit und Raum miteinander verwoben, voneinander abhängig. Deswegen führte er zusätzlich zu den drei Raumdimensionen die Zeit als vierte Dimension ein. Die Welt war nun ein vierdimensionales Raum-Zeit-Kontinuum, in dem der Raum verbogen ist und die Zeit verschieden schnell abläuft.

Der Raum ist gekrümmt

Bereits Mitte des 19. Jahrhunderts hatten verschiedene Mathematiker eine neue Geometrie entwickelt, die die 2000 Jahre alte Geometrie des Euklid, wie wir sie heute in der Schule lernen, erweitern beziehungsweise als Spezialfall beinhalten sollte. Eine solche nichteuklidische Geometrie beschreibt gekrümmte Oberflächen, wie Kugeln oder sattelförmige Gebilde. Sie sollte aber nicht nur für Flächen gelten, sondern, wie bei Mathematikern üblich, für beliebig viele Dimensionen, also auch für drei. Je länger sich die Forscher mit dieser neuen Mathematik beschäftigten, desto häufiger tauchte auch die zunächst sehr ketzerische Frage auf: Wer sagt uns eigentlich, daß der

Läuft ein Lichtstrahl dicht an der Sonne vorbei, wird er in deren Schwerkraftfeld abgelenkt.

uns umgebende Raum, also das Universum, euklidisch ist? Könnte er nicht auch irgendwie gekrümmt sein?

Daß die Krümmung, so sie denn überhaupt vorhanden sein sollte, nicht sehr groß sein konnte, ergaben schon die Messungen. Wenn ein Geodät auf der Erde ein Dreieck vermißt, so wird er feststellen, daß die Winkelsumme in jedem seiner Dreiecke im Rahmen seiner Meßgenauigkeit 180 Grad beträgt. So wie es die euklidische Geometrie festlegt. Wäre der Raum kugelförmig gebogen, müßte die Winkelsumme mehr als 180 Grad betragen. Dies hat nichts mit der Rundung der Erdoberfläche zu tun, sondern wäre eine Eigenschaft des Raumes. Denn die Vermessung des Geodäten erfolgt mit Lichtstrahlen, und diese müßten der Raumkrümmung folgen.

Wichtig ist hier der Zusatz, daß dies immer nur im Rahmen der Meßgenauigkeit der Fall ist. Einstein behauptete in seiner Allgemeinen Relativitätstheorie, daß Materie den Raum um sich herum krümmt. In unmittelbarer Umgebung eines Sterns oder auch eines Planeten wie der Erde ist der Raum verbogen, mit wachsendem Abstand nimmt die Stärke der Verbiegung ab.

Im Prinzip ließe sich die Krümmung des Universums bestimmen, indem ein Forscher einen Laserstrahl aussendet und diesen an zwei Spiegeln so reflektieren läßt, daß er wieder zu ihm zurückkehrt. Nun müßte er die Winkelsumme in diesem vom Lichtstrahl aufgespannten Dreieck messen. Beträgt sie 180 Grad, ist der Raum euklidisch, weicht sie von diesem Wert ab, ist der Raum gekrümmt. Technisch ist dies allerdings nicht möglich, weil das Dreieck Ausmaße von Hunderten von Millionen oder Milliarden von Lichtjahren haben müßte. Mit wesentlich geringerem Aufwand konnte jedoch der englische Astrophysiker Sir Arthur Eddington Einsteins Idee schon bald überprüfen.

Die totale Sonnenfinsternis von 1919

Im Jahre 1919 rüstete er eine Expedition zur Insel Principe im Golf von Guinea und nach Sobral (Brasilien) aus, wo eine totale Sonnenfinsternis sichtbar war. Der Grund für diese Reise war eine Voraussage der Allgemeinen Relativitätstheorie. Läuft ein Lichtstrahl dicht am Sonnenrand vorbei, so wird er durch die Raumkrümmung abgelenkt. Dadurch scheint sich die Sternposition am Himmel im Vergleich zur „ungestörten Situation“ zu verschieben. Diese Verschiebung ist umso größer, je näher der Stern am Himmel an der Sonne steht. Diesen Effekt wollte Eddington nachweisen. Möglich ist dies

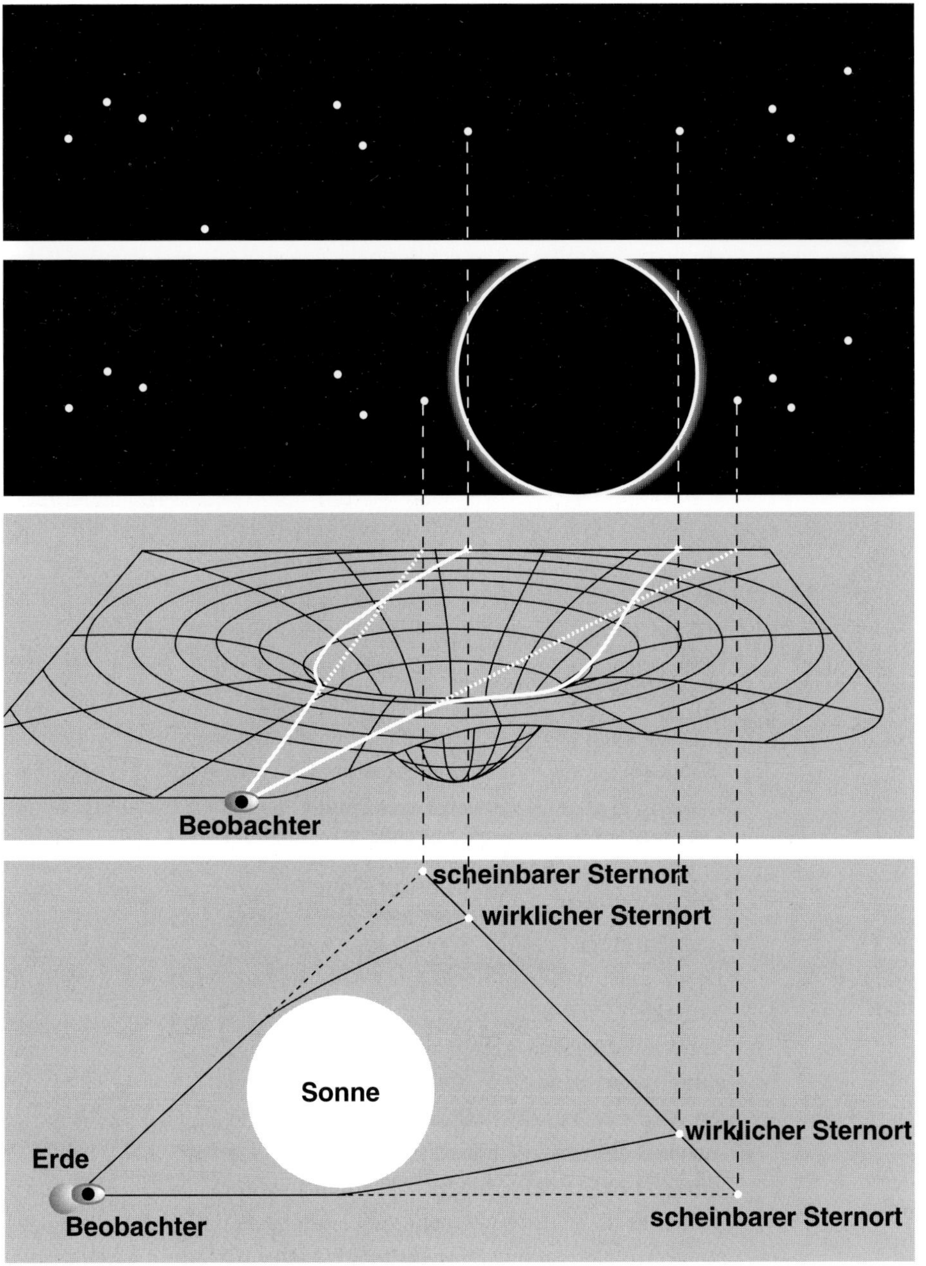
Beobachter
scheinbarer Sternort
wirklicher Sternort
Sonne
Erde
Beobachter
wirklicher Sternort
scheinbarer Sternort

allerdings nur bei einer totalen Sonnenfinsternis, weil nur dann Sterne in der Sonnenumgebung sichtbar sind.

Eddington vermaß nun die Sternpositionen und verglich sie mit denjenigen auf älteren Fotoplatten. Und tatsächlich stimmten die gemessenen Verschiebungen im Rahmen ihrer Meßgenauigkeit mit den Vorhersagen der neuen Theorie überein. Dies war die überzeugendste Bestätigung für die Allgemeine Relativitätstheorie. Über Nacht machte sie ihren Schöpfer zu einem der berühmtesten Männer der Welt, zum neuen Newton. Mit verfeinerten Methoden, insbesondere aus der Radioastronomie, wurden Messungen dieser Art vielfach wiederholt, und bis heute konnte Einsteins Theorie dadurch bis auf weniger als ein Promille genau bestätigt werden.

Die Zeit hinkt hinterher

Darüber hinaus folgte aus den Einsteinschen Gleichungen, daß die Zeit in der Nähe von Materie langsamer abläuft als in größerer Entfernung. Dieses Phänomen beruht nicht etwa auf irgendwelchen technischen Effekten, etwa einer mechanischen Deformierung der Uhr. Es ist eine natürliche Eigenschaft der Zeit.

Relativistischer Uhrenvergleich

Diesen Einfluß des Schwerkraftfeldes auf den Verlauf der Zeit konnten Physiker erstmals 1971 messen. Joseph Hafele und Richard Keating installierten hierfür vier hochgenaue Atomuhren in einem Verkehrsflugzeug und flogen mit ihnen um die Erde. Vorher hatten sie die Uhren mit einer anderen Atomuhr synchronisiert, die am Boden blieb. Nach der Allgemeinen Relativitätstheorie sollten die Uhren im Flugzeug langsamer laufen, weil das Gravitationsfeld in zehn Kilometer Höhe schwächer ist als am Boden.

Ein Vergleich der Uhren im Flugzeug mit derjenigen am Boden ergab nach den Flügen einen Zeitunterschied von 59 milliardstel Sekunden und bestätigte die Voraussagen der Allgemeinen Relativitätstheorie bis auf 20 Prozent genau. Heute muß dieser relativistische Effekt beispielsweise bei dem satellitengestützten Navigationssystem Global Positioning System (GPS) miteinbezogen werden, da dieses auf dem Empfang von Zeitsignalen beruht, die von einer Schar erdumkreisender Satelliten ausgesandt werden.

Die Gravitation beherrscht das Universum

Die Allgemeine Relativitätstheorie löste also Newtons Gravitationstheorie ab und beschreibt das Universum als Raum-Zeit-Kontinuum, dessen Eigenschaften von der in ihr enthaltenen Materie abhängen. Die Schwerkraft dominiert heute das Universum. Will man aus den Feldgleichungen der Allgemeinen Relativitätstheorie die Form – man sagt auch die Geometrie – und die zeitliche Entwicklung des Universums ermitteln, so benötigt man hierfür einige Informationen.

Einstein meinte eine Lösung gefunden zu haben, die ein statisches, also in seiner Ausdehnung und Krümmung unveränderliches Universum beschrieb. Eine Lösung, die den damaligen Vorstellungen entsprach. Zwar war es klar, daß innerhalb des Weltalls Veränderungen auftreten. Aber daß das Universum als ganzes eine Evolution besitzt – daran glaubte niemand. Doch hierin sollten alle, auch der geniale Physiker Einstein, irren. Es ist äußerst spannend, den Weg und die Irrwege der damaligen Zeit nachzuvollziehen, die zu unserem heutigen Weltbild geführt haben.

Das Weltall dehnt sich aus

Mathematische Weltmodelle

Ein junger, bis dahin unbekannter Mathematiker namens Alexander Friedman aus Leningrad veröffentlichte 1922 in der *Zeitschrift für Physik* eine Arbeit, in der er sich rein mathematisch mit den Einsteinschen Feldgleichungen auseinandersetzte. Als „Spezialfall" erhielt er zunächst die Einsteinsche Lösung eines statischen Universums. Eine große Schar von Lösungen führte jedoch zu Universen, die sich ausdehnten oder zusammenzogen. Sogar eine Welt, die periodisch Expansions- und Kontraktionszyklen durchlief, fand er.

Einstein reagierte darauf zweimal. Am 18. September 1922 ging bei derselben Zeitschrift eine kurze Notiz ein, in der er schrieb: „Die in der zitierten Arbeit enthaltenen Resultate bezüglich einer nichtstationären Welt erschienen mir verdächtig. In der Tat zeigt sich, daß jene gegebene Lösung mit den Feldgleichungen nicht verträglich ist." Kurzum: Er unterstellte Friedman einen Rechenfehler.

Ein halbes Jahr später, am 31. Mai 1923, schrieb Einstein erneut eine Notiz auf Anregung eines Kollegen. „Ich habe in einer früheren

Notiz an der genannten Arbeit Kritik geübt. Mein Einwand beruhte aber ... auf einem Rechenfehler. Ich halte Herrn Friedmans Resultate für richtig und aufklärend. Es zeigt sich, daß die Feldgleichungen neben den statischen auch dynamische ... Lösungen für die Raumstruktur zulassen." Noch später zeigte sich gar, daß die statischen Lösungen Einsteins gar nicht statisch waren. Über einen genügend langen Zeitraum hinweg muß sich das Universum also ausdehnen oder zusammenziehen.

Dieser Disput zwischen Einstein und Friedman hatte jedoch zunächst keine Konsequenzen. Auch eine zweite Arbeit Friedmans aus dem Jahre 1924 wurde ignoriert. Dies ist umso erstaunlicher, als die *Zeitschrift für Physik* ein sehr renommiertes Fachjournal war. Andererseits gab es keinerlei Beobachtungen, die in irgendeiner Weise auf ein expandierendes oder kontrahierendes Universum hindeuteten. Den Schlüssel lieferte die Galaxienforschung.

> Galaxien erschienen damals in den Teleskopen nur als schwache Nebelflecken, so daß lange Zeit nicht klar war, worum es sich hierbei wirklich handelt. Erst mit dem Einsatz der Fotografie wurde klar, daß es Sternsysteme ähnlich wie unsere Milchstraße sind, die bis zu einige hundert Milliarden Sterne enthalten.

Nur von den hellsten Objekten dieser Art konnte man Spektren aufnehmen. Pioniere waren hierbei Vesto Slipher vom Lowell-Observatorium in Flagstaff, Arizona, und Edwin P. Hubble. In den zwanziger Jahren fanden sie heraus, daß sich viele Galaxien von uns entfernen, und es kam die Vermutung auf, daß es einen Zusammenhang zwischen der Geschwindigkeit der Galaxien und ihrer Entfernung von uns gibt. Der deutsche Astronom Carl Wirtz schlug bereits 1922 eine solche Relation vor, ebenso 1928 der amerikanische Kosmologe Howard Robertson. Das große Problem bestand aber immer noch darin, daß die Entfernungsangaben sehr ungenau waren.

Edwin Hubble erkennt Zusammenhang zwischen Rotverschiebung und Entfernung

Hubble war es schließlich, der 1929 mit einer Arbeit eine der größten Umwälzungen in unserem Weltbild auslöste. Ihm stand damals am Mount-Wilson-Observatorium mit dem 2,50-Meter-Teleskop das größte optische Instrument der Welt zur Verfügung. Hiermit konnte er erstmals die Entfernungen der Galaxien zuverlässig bestimmen, und jetzt war klar: Die Mehrzahl der Galaxien entfernt sich von uns, und ihre Geschwindigkeit nimmt mit der Entfernung linear zu.

Nun bekamen die rein mathematischen Lösungen der Einsteinschen Feldgleichungen einen physikalischen Sinn. Es wurde langsam klar, daß das Universum expandiert, selbst der große Einstein mußte zugeben, sich geirrt zu haben. Auf den ersten Blick hat es den Anschein, als würde der Mensch ins Zentrum des Universums zurückgekehrt sein, weil sich alle Galaxien von ihm entfernen. Dies ist jedoch ein Trugschluß.

Im Rahmen der Allgemeinen Relativitätstheorie darf man sich nämlich die Fluchtbewegung der Sternsysteme nicht so vorstellen wie das Auseinanderfliegen von Splittern nach der Explosion einer Bombe. Dies entspräche der alten Newtonschen Idee, in der der Raum absolut und unveränderlich ist. Vielmehr denke man sich die Galaxien als Rosinen in einem aufquellenden Hefeteig, der das Weltall, also den Raum, veranschaulichen soll. Dann nämlich bewegen sich die Rosinen nur deshalb langsam voneinander fort, weil sich der Teig aufbläht, nicht etwa, weil sich die Rosinen selbst bewegen würden. Die Galaxien stellen also lediglich die Markierungsbojen dar, die den Astronomen die Ausdehnung des Raumes anzeigen.

Die Galaxienflucht ähnelt der Bewegung von Rosinen im aufquellenden Hefeteig

Expandierende Gummituch-Universen

Wir wollen nun versuchen, uns ein expandierendes Universum vorzustellen, um zwei wesentliche Eigenschaften zu verstehen. Hierzu rauben wir ihm eine Dimension und machen so den Raum zur Fläche. Diese Oberfläche denken wir uns als ein leicht dehnbares Gummituch.

Die Expansion machen wir uns klar, indem wir das Tuch in alle Richtungen gleichmäßig dehnen. Nun legen wir auf die Oberfläche innerhalb einer quadratischen Fläche ein Pfennigstück und in verschiedene Entfernungen weitere Geldstücke. Das Pfennigstück veranschaulicht unsere Milchstraße, die anderen Münzen verschieden weit entfernte Galaxien. In 2 Zentimetern Entfernung plazieren wir ein 2-Pfennigstück, in 5 Zentimetern ein 5-Pfennigstück und in 10 Zentimetern ein 10-Pfennigstück.

Durch die Dehnung des Tuches werden sich nun alle Geldstücke

In einem expandierenden Universum bewegen sich alle Objekte voneinander fort. Je weiter sie voneinander entfernt sind, desto größer erscheint ihre Fluchtgeschwindigkeit. Die Zahlen geben die Abstände der Galaxien vom mittleren Sternsystem an.

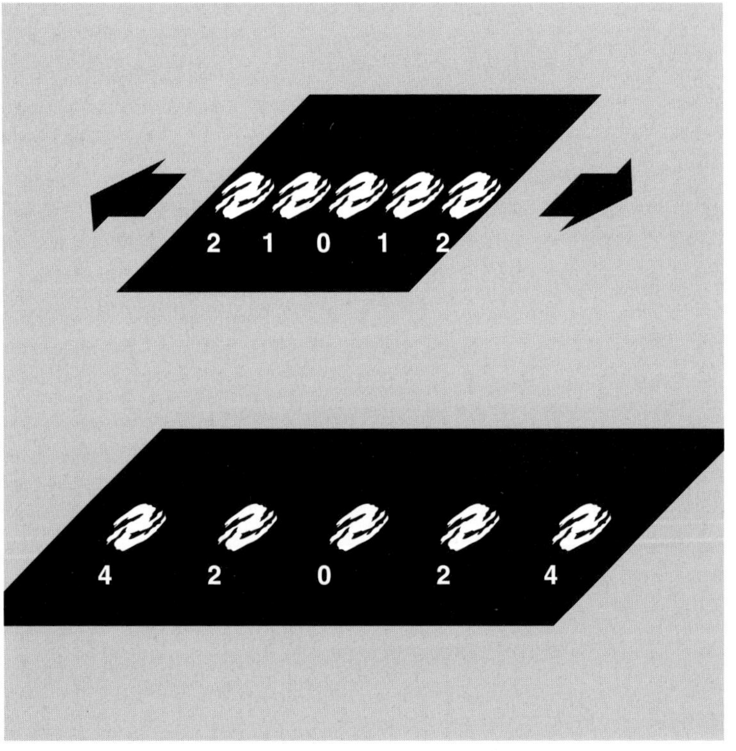

voneinander entfernen. Interessant ist es, das Tuch gleichmäßig in die Breite zu ziehen, bis sich die Seitenlänge der Fläche verdoppelt hat. Mißt man nun die Entfernungen der Münzen zu dem 1-Pfennigstück, also unserer Milchstraße, so wird man Folgendes feststellen: Je weiter ein Geldstück anfangs von dem Pfennigstück entfernt war, desto größer ist die während dieser Zeitspanne zurückgelegte Strecke. Das bedeutet, daß sich die weiter entfernten Geldstücke schneller fortbewegt haben müssen, und das, obwohl das Tuch gleichmäßig auseinandergezogen worden ist. Das ist genau das von Hubble entdeckte Gesetz der Galaxienflucht.

„Also befinden wir uns doch im Zentrum des Universums, von dem alles fortstrebt?" wird nun mancher fragen. Die Antwort ist nein. Man kann nämlich die eben angestellte Überlegung von jedem anderen Geldstück aus durchführen. Egal, ob man die Geschwindigkeiten der anderen Münzen von dem 2-, 5- oder 10-Pfennigstück mißt, stets gilt die Relation: Je größer die Entfernung, desto größer die Geschwindigkeit. Das Anwachsen der Fluchtgeschwindigkeiten mit wachsender Entfernung ist ein rein geometrischer Effekt.

Wir haben uns hiermit auf sehr einfache Weise zwei grundlegende kosmologische Postulate klargemacht. Erstens: In einem gleichmäßig expandierenden Universum nimmt die Fluchtgeschwindigkeit der Galaxien mit zunehmender Entfernung linear zu. Zweitens: Das Universum bietet von allen Standpunkten aus den gleichen Anblick. Letzteres nennt man das Gesetz der Isotropie.

Bei aller Anschaulichkeit dieses Gummituch-Universums muß man sich allerdings stets über eines im Klaren sein: Wenn wir uns eine Fläche vorstellen, so stehen wir außerhalb von ihr und wissen, daß sie in den normalen dreidimensionalen Raum „eingebettet" ist. Im realen Raum muß dies nicht der Fall sein. Er kann ohne eine solche Einbettung existieren. Es ist deshalb auch sinnlos zu fragen, worin sich der Raum hineinkrümmt. Wie alt die Vorstellung eines Raumes (wenn auch eines ungekrümmten) innerhalb eines Raumes ist, beweist das nebenstehende Zitat des griechischen Philosophen Zeno von Elea aus dem fünften Jahrhundert vor Christus.

„Wenn es einen Raum gibt, in was soll er sein?"

Tatsächlich gibt es Theorien, die mehrere Hyperdimensionen mit einbeziehen. Während man bei den drei Raum- und der vierten Zeitdimension die physikalische Bedeutung kennt, ist diese bei den weiteren postulierten Dimensionen unklar. Man hat sich auch gefragt, ob sie sich, so sie existieren, irgendwie nachweisen ließen. Bislang gibt es hierauf keine Antwort.

Vom Urknall zum Ende

Als die Wissenschaftler sich mit einem expandierenden Kosmos abgefunden hatten, war es nur natürlich, den „Film" in Gedanken rückwärts laufen zu lassen und so zu der Erkenntnis zu gelangen, daß das Weltall vor Milliarden von Jahren in einem extrem heißen und dichten Feuerball geboren worden ist. Tatsächlich dauerte es jedoch über 30 Jahre, bis sich diese Erkenntnis endgültig durchsetzte. Die Vorstellung einer aus einem Ur-Atom geborenen Welt hatte mit noch größeren Problemen zu kämpfen als die eines expandierenden Universums. Wir werden darauf im vierten Kapitel noch einmal genauer eingehen.

Nach dieser Überlegung entstand das Universum in einem gewaltigen Urknall. Die Größe, welche die heutige Ausdehnungsrate und damit auch (innerhalb gewisser Unsicherheiten) das Alter der Welt angibt, wurde nach Hubble benannt und trägt die Bezeichnung H_0. Sie ist so etwas wie der heilige Gral der Kosmologie, und ihre Messung war lange Zeit die treibende Kraft in dieser Wissenschaft.

Nie zuvor sind die Menschen in der Lage gewesen, Aussagen über Vergangenheit und Zukunft der Welt zu machen. Heute weiß man: Die Antwort liegt verborgen in den Feldgleichungen der Allgemeinen Relativitätstheorie. Wie aber die richtige Lösung finden? So großartig die Aufgabe auch ist, so einfach lautet die Antwort auf diese Frage: Ermittle die durchschnittliche Materiedichte im Universum. Sie entscheidet über die zeitliche Entwicklung des Universums.

Tatsächlich ist es ohne Belang, wie die Materie verteilt ist, ob „klumpig" in Form von Sternen und Galaxien oder gleichmäßig im Raum ausgedehnt. Ausschlaggebend ist die mittlere Dichte. Je größer sie ist, desto jünger ist das Weltall. Diesen Zusammenhang kann man sich etwa so klar machen: Wäre das Universum ganz leer, so hätte es sich seit dem Urknall stets mit derselben Geschwindigkeit ausgedehnt. Aus der heutigen Expansionsgeschwindigkeit könnte man deshalb sofort das Weltalter ausrechnen.

Die Schwerkraft indes versucht, die Ausdehnung zu verhindern, oder anders gesagt: Die Materie im Universum wirkt wie eine Bremse auf die Expansion. Das heißt, das Weltall hat sich früher schneller ausgedehnt als heute. Um das Alter der Welt auszurechnen, muß man deshalb einen sogenannten Verzögerungsparameter berücksichtigen. Die Kosmologen sind sich weitgehend einig, daß seit dem Urknall zwischen 10 und 20 Milliarden Jahre vergangen sind.

Auch auf die zukünftige Entwicklung des Kosmos wirkt die Materie ein. Rechnungen ergeben: Wenn die Materiedichte einen kritischen Wert von rund 10^{-29} Gramm pro Kubikzentimeter, entsprechend etwa sechs Wasserstoffatomen pro Kubikmeter, überschreitet, ist die

Schwerkraft stark genug, um die Expansion irgendwann zum Stillstand kommen zu lassen. Dann kehrt sich die Bewegung um, und das Universum stürzt in sich zusammen, um eventuell in einem neuen Urknall wiedergeboren zu werden, wie der legendäre Vogel Phönix, der sich selbst verbrennt und aus der Asche aufersteht. Liegt die Dichte aber unter dem kritischen Wert, wird sich das Universum ewig weiter ausdehnen und einem trostlosen Tod entgegendämmern.

Dunkle Materie – der Schlüssel zum Verständnis?

Die Dichte zu bestimmen, ist eine äußerst schwierige, noch ungelöste Aufgabe. Die heute bekannte sichtbare Materie in Sternen und Gaswolken macht zusammen nicht einmal ein Hundertstel der kritischen Dichte aus. Leben wir also in einer Welt ohne Ende?

Bereits vor 60 Jahren zeigten sich erste Hinweise darauf, daß es noch weitere Materie gibt, die die Astronomen zwar nicht sehen, die sich aber durch ihre Gravitationswirkung bemerkbar macht. In den vergangenen zwanzig Jahren häuften sich diese Hinweise: Galaxien und deren Verbände, die Galaxienhaufen, müßten auseinanderfliegen, würden sie nicht durch diese Dunkle Materie zusammengehalten.

Das Phänomen Dunkle Materie ist in den letzten Jahren zu einem eigenständigen Forschungsgebiet herangewachsen. Woraus besteht sie, welchen Einfluß hat sie auf die Entwicklung des Universums? Es zeigte sich beispielsweise, daß die Natur dieses Stoffes eng mit einer neuen Theorie verknüpft ist, die man inflationäres Universum nennt.

Vielleicht könnte es Galaxien, Sterne und Planeten und letztlich auch uns Menschen heute ohne die Dunkle Materie nicht geben.

Mittlerweile versuchen sowohl Astronomen als auch Elementarteilchenphysiker mit trickreichen Experimenten und Beobachtungen dem Rätsel auf die Spur zu kommen. Und tatsächlich konnten sie in den vergangenen Jahren erste Erfolge verzeichnen. Ein Teil der Substanz scheint in dunklen Körpern zu stecken. Aber was macht den Rest aus? Möglicherweise wird die Dunkle Materie von Elementarteilchen gebildet, die moderne Theorien zwar voraussagen, die aber bislang unentdeckt geblieben sind. Ihre Antworten könnten den Weg zu neuen physikalischen Vorstellungen über den Aufbau der Materie und des Universums weisen.

Galaxienhaufen mit Licht wiegen

„Falls sich dies bewahrheiten sollte, würde sich also das überraschende Resultat ergeben, daß dunkle Materie in sehr viel größerer Dichte vorhanden ist als leuchtende Materie.“ Diese überraschende Vermutung wurde nicht in den letzten Jahren geäußert, wie man leichthin meinen könnte. Vielmehr teilte sie der Astronom Fritz Zwicky bereits im Jahre 1933 seinen Kollegen mit. Zwicky war damit wohl der erste Astronom, der das Problem erkannte und bereits beim heute noch gebräuchlichen Namen nannte. Allerdings schenkte man seiner Bemerkung damals kaum Beachtung, vermutlich, weil sich die Astronomie in einer Umbruchphase befand und zu viele andere Fragen nach Antworten verlangten.

Galaxien sind zu schnell

Zwickys obiges Zitat erschien in einer Arbeit über „Die Rotverschiebung von extragalaktischen Nebeln“, und die Entdeckung der Dunklen Materie war eher das Nebenprodukt einer tiefergehenden Diskussion der Galaxienflucht.

Fritz Zwicky, gebürtiger Schweizer, war schon als junger Mann in die USA ausgewandert und forschte am California Institute of Technology in Pasadena. Er stellte 1933 das damalige Wissen über die Bewegung der Galaxien zusammen, das auf der Spektralanalyse des Lichts dieser Sternsysteme beruhte. Wie mühsam diese Arbeit damals war, erfahren wir von Zwicky selbst: „Die Schwierigkeit, die Spektren sehr entfernter Nebel zu photographieren, liegt in der Notwendigkeit außerordentlich langer Expositionszeiten. In der Tat war es notwendig, [Photo-] Platten bis zu fünfzig Stunden und mehr zu exponieren ...".

Wie ein Mückenschwarm

Zwicky standen Anfang der dreißiger Jahre die Daten des 2,50-Meter-Teleskops auf dem Mount Wilson zur Verfügung. Hierbei fiel ihm zunächst einmal auf, daß diese Sterneninseln nicht beliebig im Weltall verstreut waren. Die allermeisten von ihnen fanden sich in Gruppen, sogenannten Galaxienhaufen, zusammen. Außerdem bewegten sich diese Haufen von unserer Milchstraße fort, wobei die Geschwindigkeiten, entsprechend Hubbles Gesetz, mit zunehmender Entfernung anstiegen.

Diese allgemeine Haufengeschwindigkeit ermittelte man aus dem Durchschnitt der Geschwindigkeiten aller Mitglieder. Tatsächlich bewegten sich innerhalb eines solchen Verbands nicht alle Galaxien einheitlich, also mit gleicher Geschwindigkeit, von uns weg, sondern schwirrten wie Mücken in einem Schwarm umher. Zwicky stellte sehr große Streuungen der Einzelgeschwindigkeiten fest. Ein Beispiel ist der Haufen im Sternbild Coma Berenices, in dem die Astronomen rund 800 Galaxien zählen. Er bewegt sich mit einer mittleren Geschwindigkeit von 7500 km/s von uns fort, die Einzelwerte weichen aber bis zu 2000 km/s hiervon ab. Das war schon ein recht chaotischer Galaxienschwarm.

Der Galaxienhaufen im Sternbild Coma

Zwicky nahm an, daß der Haufen stabil (stationär) sei. Ein solcher Verband wird durch das gesamte Gravitationsfeld aller Galaxien zusammengehalten und fällt weder in sich zusammen noch fliegt er auseinander. In diesem Fall läßt sich sehr leicht ausrechnen, wie groß die gesamte Schwerkraft sein muß, damit sie die umherschwirrenden Galaxien zusammenhalten kann und diese nicht in alle Richtungen davonfliegen.

Um sich diesen Effekt zu veranschaulichen, kann man sich das Gravitationsfeld wie einen Topf vorstellen, der umso tiefer ist, je stärker das Feld ist. Hierin rollen nun die Galaxien wie Bälle umher. Sind sie sehr schnell und ist der Topf eher ein flacher Teller (wenig Materie), so werden die Bälle im Laufe der Zeit alle aus ihm heraus-

gekullert sein. Er muß genügend tief sein – sprich genügend Materie beinhalten –, damit er die Kugeln auf Dauer behalten kann.

Galaxienhaufen wie der hier im Ausschnitt gezeigte Coma-Haufen lieferten die ersten Anzeichen für das Wirken von Dunkler Materie. (Foto: NASA/ESA)

Diese Überlegung führte Zwicky zu einem überraschenden Ergebnis: „Um, wie beobachtet, einen mittleren Dopplereffekt von 1000 km/s oder mehr zu erhalten, müßte also die mittlere Dichte im Comasystem mindestens 400mal größer sein als die auf Grund von Beobachtungen an leuchtender Materie abgeleitete“. Während er für die Galaxien eine Gesamtmasse von $8 \cdot 10^{11}$ Sonnenmassen schätzte, ergab die Rechnung nach dem Virialsatz $3{,}2 \cdot 10^{14}$ Sonnenmassen. Oder anders gesagt: Gäbe es nur die Materie der sichtbaren Galaxien, so wäre deren Gravitationsfeld viel zu schwach, um die Sternsysteme zusammenzuhalten. Der Haufen würde in etwa einer Milliarde Jahren auseinanderfliegen. In unserem Bild hieße das, der Schwerkrafttopf wäre nicht tief genug. Dieser Zeitraum erscheint vielleicht als sehr lang. Tatsächlich bedeutet er aber nur einen Bruchteil des Weltalters von 10 bis 20 Milliarden Jahren.

Zwicky fügte hier eine Fußnote an, in der er bemerkte, daß diese Schlußfolgerung „größenordnungsmäßig in Übereinstimmung mit der ... von Einstein und de Sitter“ veröffentlichten Vorstellung ist, daß die mittlere Materiedichte im Universum den kritischen Wert überschreitet, das Weltall also in sich geschlossen ist und in ferner Zukunft wieder in sich zusammenstürzen wird.

Ist die sichtbare Materie nicht alles?

Die Galaxien, diese gigantischen Sternansammlungen mit bis zu mehreren hundert Millarden Sternen, sollten lediglich einen verschwindend geringen Anteil an der Gesamtmaterie des Universums ausmachen? Diese Behauptung war so überraschend, daß man nach anderen Erklärungen suchte. Eine Möglichkeit bestünde darin, daß die Galaxienhaufen nicht stabil sind. Dann würden die Astronomen eine Momentaufnahme des Universums vor Augen haben, in der diese Sternsysteme gerade zufällig in Gruppen zusammenstehen, die sich im Laufe der nächsten paar hundert Millionen Jahre wieder auflösen werden. Das schien sehr unwahrscheinlich, denn warum sollten ausgerechnet jetzt diese Ansammlungen vorhanden sein.

Und noch ein zweiter Grund sprach dagegen. Löst sich beispielweise der Coma-Haufen auf, so wäre „das Resultat dieser Expansion“, so Zwicky, „am Ende 800 Einzelnebel, welche Eigengeschwindigkeiten von der ursprünglichen Größenordnung (1000 bis 2000 km/s) aufweisen würden". Die Einzelgalaxien aber, welche man damals kannte, wichen nicht weiter als etwa 200 km/s von der nach dem Hubble-Gesetz berechneten Geschwindigkeit ab. Auch andere Versuche, die hohe Geschwindigkeit der Galaxien in den Haufen zu erklären, waren unbefriedigend. Dieser unglaublich hohe Anteil an Dunkler Materie blieb als „nicht geklärtes Problem" zurück.

Die damaligen Berechnungen waren so einfach, daß man sie auf der Rückseite eines Briefumschlags hätte durchführen können. Bei einer genaueren Massenabschätzung hingegen dürfte man beispielsweise nicht für alle Galaxien dieselbe Masse ansetzen, und bei der Berechnung des gesamten Gravitationsfeldes aus der Geschwindigkeitsstreuung der Galaxien muß man deren jeweilige Massen berücksichtigen.

Heute läßt sich die Massenbestimmung der in Form von Galaxien sichtbaren Materie mit wesentlich mehr Aufwand betreiben. Dies betrifft sowohl die Theorie als auch die Beobachtungstechniken. Zwicky nahm beispielsweise damals für alle Galaxien eine durchschnittliche Masse entsprechend einer Milliarde Sonnen an. Heute wissen die Astronomen, daß dieser Wert zu gering ist. Qualitativ bestätigen aber die heutigen Analysen Zwickys damalige Schlußfolgerung.

In einer späteren Arbeit, die 1937 in dem angesehenen *Astrophysical Journal* erschien, bemerkte der von Ideen nur so sprühende Forscher, man solle Methoden entwickeln, die es den Astronomen ermöglichen, „die relativen Häufigkeiten von internebularem Material sowohl in den Haufen als auch im allgemeinen Feld" zu bestimmen. An diese Möglichkeit war in den dreißiger Jahren indes gar nicht zu denken. Man wußte nichts über eine mögliche Existenz von Materie im weiten Raum zwischen den Galaxien. Es war nur klar, daß sie, falls überhaupt vorhanden, sehr dünn verteilt sein mußte. Heute gibt es diese Methoden. Mit ihnen lassen sich die damaligen Untersuchungen auf eine solidere Basis stellen. Sie bestätigten Zwickys Schlußfolgerungen und führten zur Entdeckung eines Teils der Dunklen Materie.

Galaxienhaufen leuchten im Röntgenlicht

Bis heute ist die Anzahl der Galaxienhaufen nicht bekannt. Allein auf einer Himmelsdurchmusterung, die auf dem Mount Palomar durchgeführt wurde, finden sich Zehntausende. George Abell, der Pionier auf diesem Forschungsgebiet, katalogisierte 1958 rund 5000 von ihnen. Sie können zwischen zehn und über tausend Galaxien umfassen und Durchmesser zwischen vier und etwa vierzig Millionen Lichtjahren annehmen. Die Astronomen gehen heute davon aus, daß es so gut wie keine alleinstehenden Galaxien gibt und vielmehr fast alle in solchen Haufen eingegliedert sind. Damit ist es ausgeschlossen, daß es sich um zufällige Klumpungen handelt.

Die Lokale Gruppe

Unsere eigene Milchstraße beispielsweise gehört zusammen mit dem Andromeda-Nebel und rund 30 weiteren, kleineren Galaxien zur sogenannten Lokalen Gruppe. Diese ist wiederum Teil des wesentlich größeren Lokalen Superhaufens, in dessen Zentrum sich der Virgo-Haufen befindet, eine Ansammlung von etwa 2500 Galaxien in einer mittleren Entfernung von 60 Millionen Lichtjahren. Untersuchungen in jüngster Zeit haben gezeigt, daß das Universum eine Art hierarchischen Aufbau besitzt, in dem kleinere Galaxiengruppen ein riesiges, weit verzweigtes Netz von Superhaufen bilden, die ihrerseits Ausmaße von mehreren hundert Millionen Lichtjahren annehmen. Diese Entdeckung ist für die moderne Kosmologie von fundamentaler Bedeutung und wird uns später noch beschäftigen. Zunächst widmen wir uns jedoch noch etwas den Galaxienhaufen.

100 Millionen Grad heißes Gas zwischen den Galaxien

Im Jahre 1970 startete der amerikanische Satellit Uhuru, der erstmals den gesamten Himmel im Röntgenbereich ablichtete. Spektakulär war die Entdeckung, daß große Galaxienhaufen wie der Perseus- und der Virgo-Haufen enorme Energien in diesem hochenergetischen Bereich abstrahlen. Die Haufen zählen neben den Quasaren zu den hellsten Röntgenquellen am Himmel. Diese Strahlung kommt von einem heißen Gas, das sich zwischen den Galaxien befindet und den gesamten Haufen ausfüllt. Einen wesentlichen Fort-

Mit dem deutsch-britischen Röntgensatelliten ROSAT fanden Astronomen rund 100 Millionen Grad heißes Gas im Coma-Galaxienhaufen. (Foto: MPI für extraterrestrische Physik, Garching)

schritt auf diesem Gebiet brachte der 1990 gestartete deutsch-britisch-amerikanische Röntgensatellit ROSAT. Mit ihm fanden die Forscher heraus, daß das Gas zwischen 20 und 100 Millionen Grad heiß ist.

Woher dieses Gas stammt, ist nicht abschließend geklärt. Entweder fällt es von außen in die Haufen ein, oder es wird aus den Galaxien herausgeblasen. Das kann passieren, wenn Sterne als Supernova explodieren und dabei Gas mit hohen Geschwindigkeiten abstoßen. Auf die hohen Temperaturen aufgeheizt wird das intergalaktische Gas möglicherweise durch die „Reibung“ mit den Galaxien, die sich darin bewegen wie Fische im Wasser.

Erst zu Beginn der neunziger Jahre gelang es, in einigen Fällen die Gesamtmasse dieses intergalaktischen Gases abzuschätzen. Ein grundsätzliches Problem besteht darin, daß man auf Himmelsaufnahmen die Form des Objektes nur als Projektion auf die Himmelsebene erkennt. Die Tiefenausdehnung läßt sich hingegen nicht unmittelbar aus den Bildern herausfinden. Aus diesem Grunde eignen sich für die Bestimmung der Gasmasse am besten solche Galaxienansammlungen, die am Himmel rund erscheinen. Man geht in diesen Fällen davon aus, daß sie tatsächlich kugelförmig sind. Ihr Radius läßt sich direkt messen und daraus dann leicht das gesamte Volumen berechnen.

Ein gutes Beispiel hierfür ist der Perseus-Haufen. Er befindet sich in einer Entfernung von etwa 310 Millionen Lichtjahren und beinhaltet rund 500 Galaxien. Auf den Röntgenbildern läßt sich das heiße Gas im gesamten Haufengebiet mit einem Durchmesser von rund 20 Millionen Lichtjahren nachweisen. Bei einer Analyse der ROSAT-Daten im Jahre 1994 fanden Astronomen heraus, daß das Gas sehr dünn verteilt ist: Pro Kubikmeter finden sich im Mittel lediglich tausend Atome. Wegen der enormen Ausdehnung der heißen Wolke ist ihre Gesamtmasse jedoch sehr hoch. Sie beträgt etwas mehr als 10^{14} Sonnenmassen und ist über fünfmal größer als die in den Galaxien sichtbare Masse. Der Perseus-Haufen ist kein Einzelfall. Für den 350 Millionen Lichtjahre entfernten Coma-Haufen oder den 60 Millionen Lichtjahre entfernten Virgo-Haufen gilt dasselbe. Überall schwimmen die Galaxien in einem riesigen Meer heißen Gases.

Damit haben die Astronomen einen Teil der Dunklen Materie entdeckt, über die Fritz Zwicky sich vor sechzig Jahren, als man noch nichts von der Existenz der heißen intergalaktischen Materie ahnte,

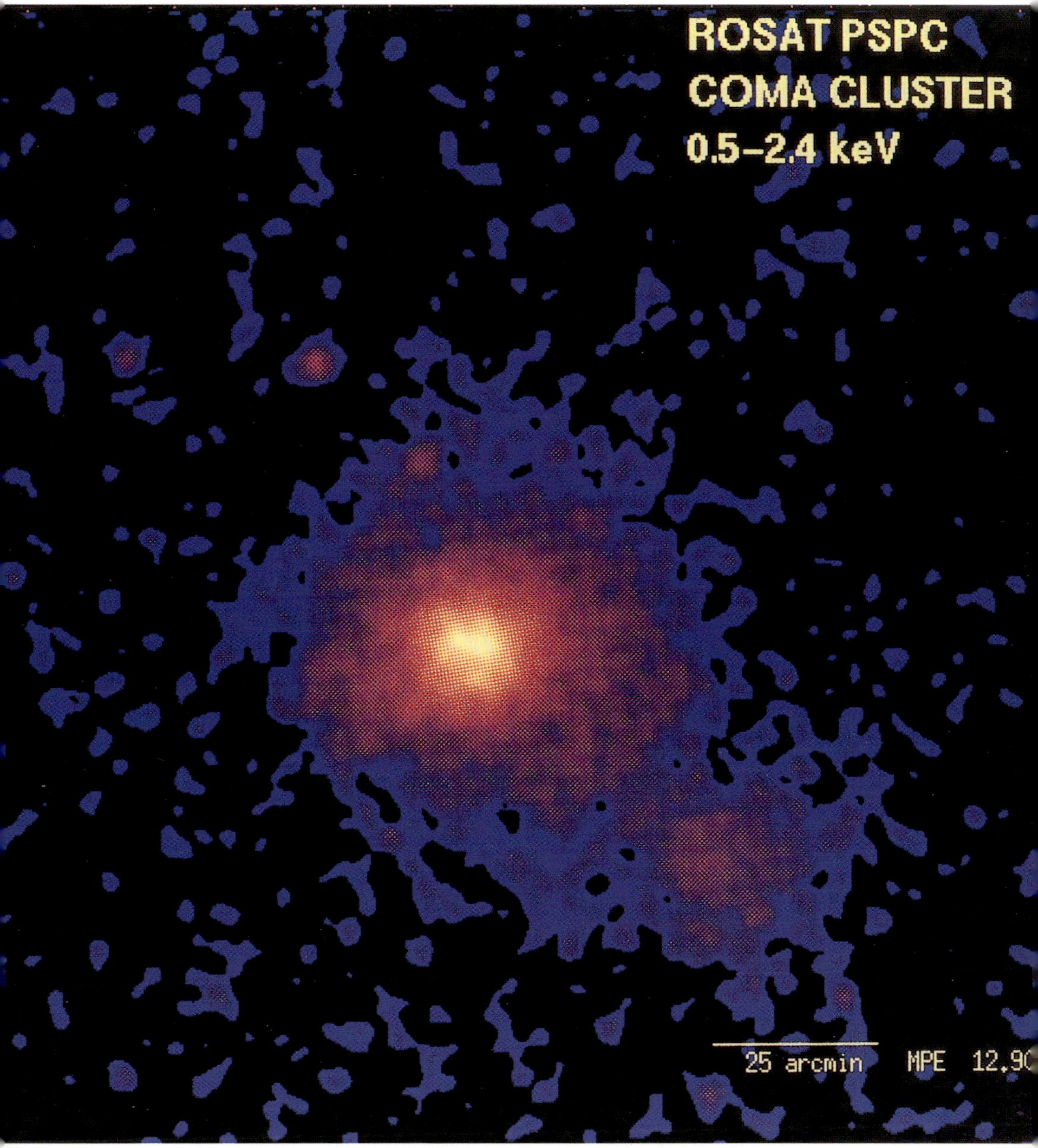
ROSAT PSPC
COMA CLUSTER
0.5–2.4 keV
25 arcmin
MPE 12.9

den Kopf zerbrochen hat. Sie ist gar nicht dunkel, sondern leuchtet recht hell – allerdings im Licht der Röntgenstrahlung, nicht im sichtbaren Spektralbereich.

Gelöst ist das Problem damit jedoch nicht. Vielmehr ließ es sich durch die Röntgenbeobachtungen noch weiter präzisieren. Für das heiße Gas gilt nämlich dasselbe wie für die Galaxien: Es muß durch das gemeinsame Schwerkraftfeld zusammengehalten werden. Das läßt sich einfach verstehen. In einem Gas sind die Atome ständig in Bewegung, und je höher die Temperatur ist, desto schneller sind sie. Bei 100 Millionen Grad fliegen die Teilchen mit 1200 km/s durch den Raum. Demnach muß ein sehr starkes Gravitationsfeld vorhanden sein, um diesen Schwarm zusammenzuhalten.

Mit ROSAT kann man die Masse von Galaxienhaufen bestimmen

Man kann deswegen die ROSAT-Aufnahmen noch einmal analysieren, nun aber unter diesem Gesichtspunkt. Wichtig hierfür ist die Temperaturverteilung im intergalaktischen Gas. Diese läßt sich ermitteln, indem man die Röntgenstrahlung – ähnlich wie Licht – spektral zerlegt. Leider ist die spektrale Qualität bei ROSAT nicht so gut wie die der Bilder. Immerhin ermöglichen es die Beobachtungen, die Gesamtmasse bis auf einen Faktor zwei bis drei genau zu bestimmen. Das Ergebnis ist auch im Rahmen dieser Meßungenauigkeiten eindeutig: In allen untersuchten Fällen reicht die Masse der Galaxien und des Gases zusammengenommen nicht aus, um die heißen Atome an den Haufen zu binden.

Im speziellen Fall des gut untersuchten Perseus-Haufens ergeben sich folgende Massenanteile (ausgedrückt in Sonnenmassen $M_\odot$):

leuchtende Materie in Galaxien:	$6 \cdot 10^{13}\ M_\odot$ (= 2 Prozent)
heißes intergalaktisches Gas:	$4 \cdot 10^{14}\ M_\odot$ (= 13 Prozent)
Dunkle Materie:	$2.5 \cdot 10^{15}\ M_\odot$ (= 85 Prozent)
gesamte gravitative Masse:	$3 \cdot 10^{15}\ M_\odot$ (= 100 Prozent)

Insgesamt ergab die Analyse von mehr als zehn Galaxienhaufen folgendes Bild: In den großen Ansammlungen stellen die Galaxien lediglich einige Prozent der gesamten Materie, während das heiße intergalaktische Gas 10 bis 40 Prozent dazu beiträgt. Es bleiben demnach je nach Haufen bis fast 100 Prozent unbeobachtbare Dunkle Materie übrig, die, wie die Astrophysiker herausfanden, im gesamten Haufen verteilt ist (siehe Tabelle „Massen von Galaxienhaufen").

Massen von Galaxienhaufen.
R_X bedeutet der mit ROSAT bestimmte Durchmesser der intergalaktischen Gaswolke in Millionen Lichtjahren, während M_{grav} die für das Binden der Gaswolke nötige Masse in 10^{14} Sonnenmassen und M_{Gas}/M_{grav} der Massenanteil des intergalaktischen Gases an der Gesamtmasse in Prozent sind. A_{DM} gibt einen Mittelwert für den Anteil der Dunklen Materie an.

Haufen	R (MLj)	M_{grav} (10^{14} $M_\odot$)	M_{Gas}/M_{grav} (%)	A_{DM} (%)
Perseus	10	30	13	85
Coma	13	11– 28	14–44	60
Abell 2256	13	12– 46	12–45	60
Virgo (Zentrum)	6	1,5– 5,5	7–36	80
Centaurus	5	1,9– 3,8	13–37	75
AWM 7	5	2,4– 4,6	17–32	75
HGC 97	5	0,2– 0,5	6–15	90
HGC 42	0,7	0,1– 0,2	0,5– 2	98

Ein Detail, das allerdings erst noch durch weitere Beobachtungen überprüft werden muß, fällt beim Betrachten der Tabelle auf: Es scheint so, als wäre der Anteil der Dunklen Materie in kleineren Haufen größer als in großen. Ob dieses Ergebnis einen Hinweis auf die Verteilung der Dunklen Materie im Universum oder die Entstehung der Galaxienhaufen in sich birgt, ist noch völlig unklar.

Mit Licht Materie wiegen

Wissenschaftler sind stets daran interessiert, ein Meßergebnis mit einer anderen, möglichst unabhängigen Methode zu überprüfen. Dies trifft auf die Astrophysiker vielleicht in besonderem Maße zu, weil sie bei der Interpretation ihrer Daten häufig auf Annahmen oder Modelle zurückgreifen müssen, die nicht immer auf ganz sicheren Füßen stehen. Vor wenigen Jahren fanden sie eine besonders faszinierende Methode, die Massen von Galaxienhaufen zu bestimmen. Das Stichwort lautet: Gravitationslinseneffekt. Auch er wurde von Albert Einstein und, wie könnte es in diesem Kapitel anders sein, von Fritz Zwicky vorausgesagt.

Lichtstrahlen auf Abwegen

Um dieses Phänomen verstehen zu können, erinnern wir uns an die Ausführungen im ersten Kapitel zu Einsteins Allgemeiner Relativitätstheorie. Einstein hatte den Raum nicht mehr als absolut und unveränderlich angesehen, sondern schrieb ihm eine Geometrie zu, die sich durch den Einfluß von Materie verändert: Materie jeder Art krümmt den sie umgebenden Raum.

Zur Veranschaulichung dieser Theorie, die unserer alltäglichen Erfahrung zu widersprechen scheint, hatten wir den dreidimensionalen Raum um eine Dimension verringert und somit zur Fläche degradiert. Ein ungekrümmter Raum entspräche dann einer ebenen Fläche, auf der die bekannte euklidische Geometrie gilt. Auf ihr zeichnen wir ein rechtwinkliges Gitter, ähnlich einem Schachbrettmuster, das sich durch Laserstrahlen realisieren ließe. Dieses Lichtgitter ist nun das Maß für die Raumkrümmung oder dessen Geometrie. Lichtstrahlen nehmen zwischen zwei Punkten A und B stets den kürzesten Weg, der in einem Raum mit euklidischer Geometrie immer eine Gerade ist. Dieser verläuft entweder parallel zu einer Gitterlinie oder in einem bestimmten Winkel zu ihr.

Bewegt sich nun ein Stern, Planet oder irgendein anderer Körper in dieses Gebiet hinein, wird die Fläche eingedellt, das Lichtgitter verzerrt sich. Je größer die Massenkonzentration ist, desto tiefer wird die Ausbeulung im Raum. Die Geometrie ist nun nicht mehr eukli-

Zur Größe der Lichtablenkung

In seiner fundamentalen Arbeit „Die Grundlagen der allgemeinen Relativitätstheorie" von 1916 berechnete Einstein, daß sich durch dieses Phänomen die scheinbare Position eines Sterns unmittelbar am Sonnenrand um 1,75 Bogensekunden verschieben müßte. Wie im ersten Kapitel beschrieben, wies Eddington dies im Jahre 1919 bei einer Sonnenfinsternis nach. Am massereichsten Planeten, Jupiter, würde die Ablenkung nur noch 0,02 Bogensekunden betragen – ein Wert, der mit damaligen Mitteln weit jenseits der Meßgrenze lag. Dies erklärt, warum die Forscher diesem Phänomen, einmal an der Sonne nachgewiesen, nicht weiter nachgingen.

disch. Läuft ein Lichtstrahl durch dieses Gebiet, so muß er dem Gitter folgen, denn er muß in der Ebene bleiben und darf sie nicht verlassen, da er dann in eine höhere Dimension springen würde.

Im Jahre 1936 veröffentlichte Einstein eine Notiz in der Zeitschrift *Science*, in der er die „linsenähnliche Wirkung eines Sterns" beschrieb. Hierfür stelle man sich einen Stern A vor, dessen Licht an einem anderen Stern B vorbeiläuft und auf der Erde in einem Teleskop aufgefangen wird. Stehen nun beide Sterne und die Erde in einer Linie, so wird das Licht von Stern A im Gravitationsfeld von Stern B so abgelenkt, daß A als Ring um B erscheint. Der Durchmesser des Rings hängt von der Masse der Linse B sowie den relativen Abständen von A, B und der Erde zueinander ab. Allerdings ist der Ring in allen Fällen so klein, nämlich im Bereich von millionstel Bogensekunden, daß er mit optischen Teleskopen nicht auflösbar ist und immer als Punkt erscheint. Heute nennt man diese kreisförmige Erscheinung Einstein-Ring.

Einstein führte das Gedankenexperiment noch weiter aus und berechnete, was passiert, wenn die drei Körper nicht exakt auf einer Linie liegen. Dann, so fand er heraus, würde der hintere Stern A doppelt erscheinen. Auch hier wäre der Abstand der beiden Bilder unbeobachtbar klein, und beide Bilder erschienen als ein Punkt. Allerdings würde Stern A während des „Linsens" erheblich heller werden. Man kann sich diesen Effekt ähnlich vorstellen wie bei einer normalen Glaslinse, die ein Lichtbündel in der Brennebene fokussiert. Für Einstein war dies ein rein akademisches Problem.

„Selbstverständlich gibt es keine Hoffnung, dieses Phänomen direkt zu beobachten." (Einstein über die Chance, eine Gravitationslinse zu entdecken)

Nicht hingegen für Fritz Zwicky. Wenig später, im Januar 1937, veröffentlichte er eine kurze Arbeit, in der er auf Einsteins Idee zurückkam, nun aber als Linse nicht einen Stern, sondern eine ganze Galaxie annahm. Zum einen müßte der Durchmesser des Einstein-Rings beziehungsweise der Abstand zweier Bilder wegen des stärkeren Schwerkraftfeldes wesentlich größer sein als im Fall der Sternenlinse. Zum anderen ist die Galaxiendichte in manchen Haufen so groß, daß mit großer Sicherheit in einigen Fällen zwei Galaxien auf der Sichtlinie zufällig hintereinander stehen müßten. Und da das Bild der hinteren Galaxie auch noch aufgehellt würde, würde die Wahrscheinlichkeit, diesen Effekt sehen zu können, noch erhöht. Zwicky schätzte ab, daß in einem Haufen etwa jede hundertste Galaxie als Linse wirken müßte. Im Coma-Haufen hätte man also mit nahezu zehn solcher Linsenbilder zu rechnen.

Zwicky erkannte damals, daß der Gravitationslinseneffekt einerseits einen Test für die Allgemeine Relativitätstheorie darstellte, andererseits aber auch dafür genutzt werden könnte, um aus der Stärke der Lichtablenkung die Masse der vorderen Galaxien zu bestimmen. Darüber hinaus würde man wegen der Lichtverstärkung auch noch Galaxien sehen können, die ansonsten wegen ihrer großen Entfernung zu lichtschwach sind. Zwicky suchte daraufhin die Photoplatten von Galaxienhaufen ab und fand auch einige nebulöse Objekte, die ihm verdächtig erschienen. Um den Verdacht bestätigen zu können, hätte man aber das Licht dieser Objekte spektral zerlegen müssen, um aus der Rotverschiebung deren Entfernung abzuleiten. Zwicky wurde bei diesem Unterfangen nicht fündig.

Sterne, Galaxien oder auch ganze Galaxienhaufen können als Gravitationslinse wirken. Weit entfernte Objekte erscheinen dann in Form eines Ringes oder von Mehrfachbildern.

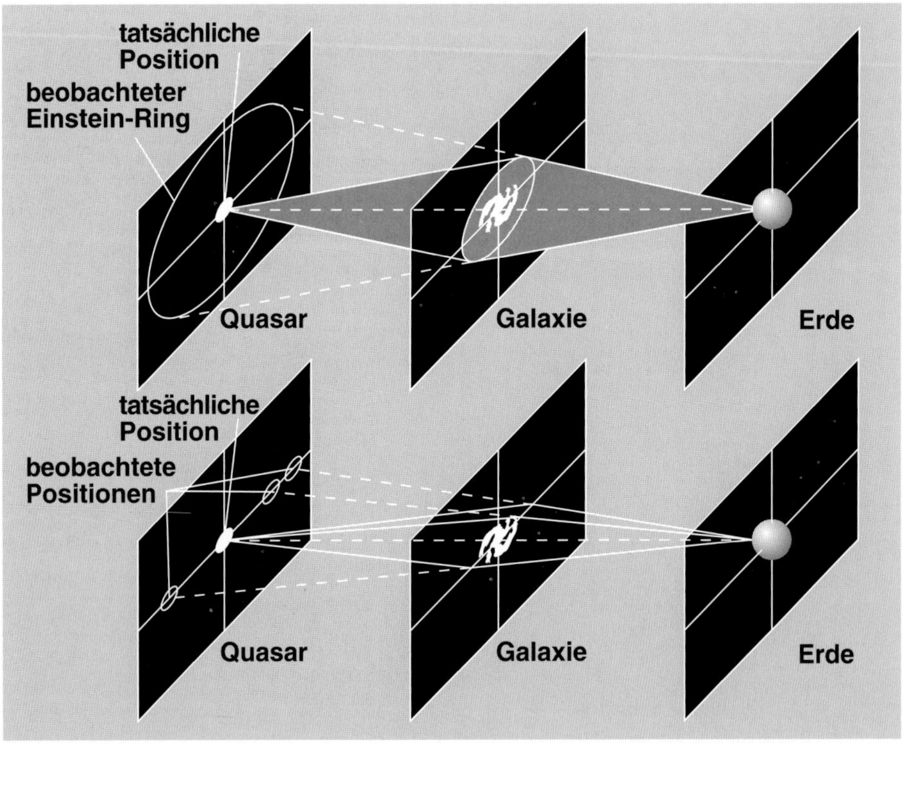

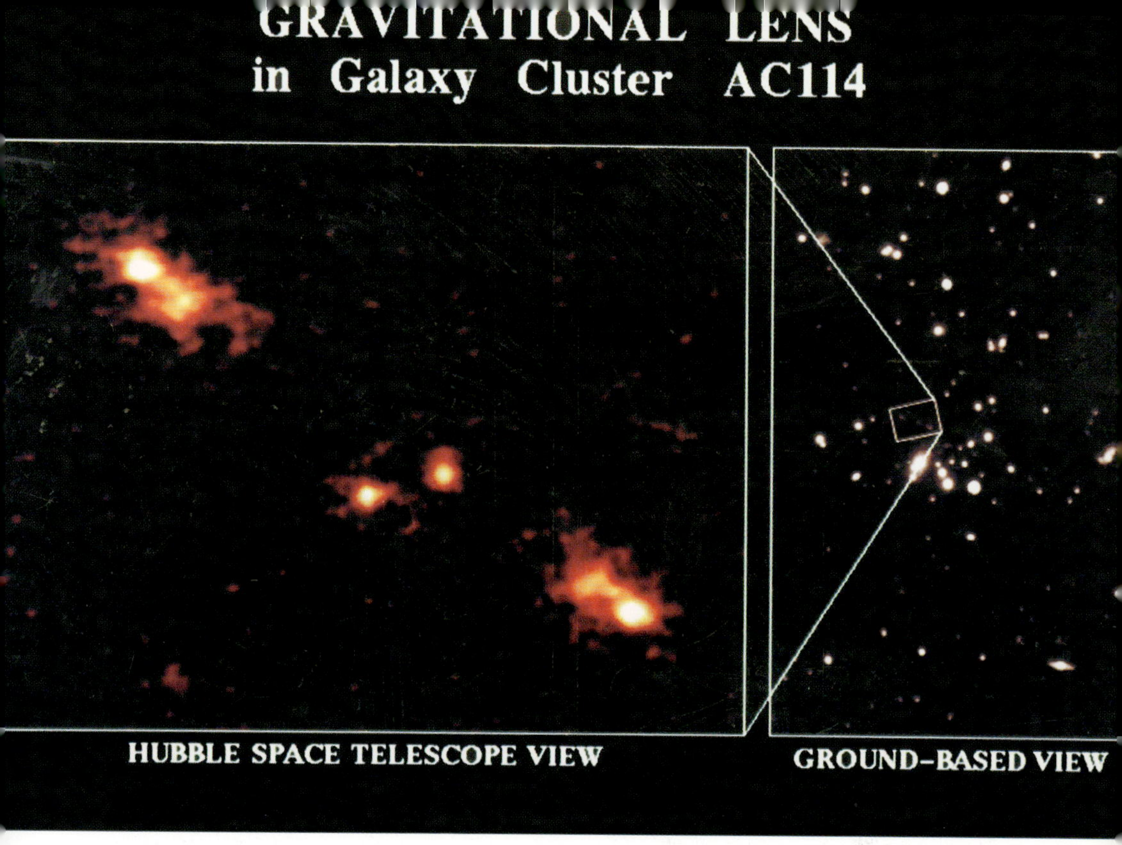

Wieder blieb das Phänomen 30 Jahre lang unbeachtet, bis sich der norwegische Astronom Sjur Refsdal, heute an der Hamburger Sternwarte, seiner im Jahre 1964 annahm. Er fand heraus, daß die Beobachtung von Gravitationslinsen es ermöglichen müßte, die Expansionsrate oder die mittlere Dichte des Universums unabhängig von den anderen Methoden abzuleiten. Auch dies blieb Theorie, bis 15 Jahre später die britischen Astronomen Robert D. Walsh und Robert F. Carswell sowie Ray J. Weymann aus den USA die erste Gravitationslinse entdeckten. Es handelte sich um zwei, nur sechs Bogensekunden voneinander entfernt stehende Quasare, deren Spektren identisch waren: Ein Doppelbild ein und desselben Objekts. Etwa ein Jahr später fand man zwischen den beiden Bildern eine Galaxie, die etwa halb so weit von der Erde entfernt ist wie der Quasar. Sie ist die Linse.

Dieses Doppelbild eines Objekts entdeckten Wissenschaftler mit dem Hubble-Weltraumteleskop. Die Gravitationslinse ist der Galaxienhaufen AC 114. (Foto: NASA/ESA)

Heute kennt man rund ein Dutzend Fälle, bei denen bis zu vier Bilder eines Quasars sichtbar sind. In allen Fällen lenkt eine Galaxie das Licht ab. Quasare sind sehr kompakte, aber extrem leuchtkräftige Zentralgebiete einer bestimmten Klasse von Galaxien. Da sie nicht größer sind als unser Sonnensystem, erscheinen sie stets als Punktquellen. Gravitationslinsen erzeugen von ihnen zwei oder auch mehrere Bilder. Einen Einstein-Ring bekamen die Forscher hingegen zunächst nicht zu Gesicht, da die zufällige Anordnung von Quelle, Linse und Erde auf einer Linie sehr unwahrscheinlich ist.

Wer sich mit diesem Phänomen etwas weiter beschäftigen möchte, kann sich ein Modell für eine Gravitationslinse selbst anfertigen. Man nehme ein Stielglas, beispielsweise ein Weinglas, und schneide den Stiel kurz oberhalb vom Fuß ab. Schiebt man diese Linse über eine Buchseite, so werden die Buchstaben optisch etwa so verzerrt wie in dem Gravitationsfeld eines Sterns oder einer Galaxie. Wer weiterhin aus dem Glas trinken möchte, kann den Effekt auch beobachten, indem er das Glas ganz läßt und seitlich auf den Boden schaut.

Galaxienhaufen erzeugen leuchtende Bögen

Interessant ist das Phänomen auch, wenn die Linse nicht aus einer einzelnen Galaxie besteht, sondern aus hunderten solcher Sternsysteme in einem Haufen. Deren gemeinsames Gravitationsfeld wirkt dann wie eine riesig ausgedehnte Linse. Zwicky hatte, wie erwähnt, bereits 1937 nach der Linsenwirkung des Coma-Haufens gesucht, aber keine Galaxienbilder gefunden. Es war wohl das Highlight auf dem 169. Treffen der Amerikanischen Astronomischen Union, als Roger Lynds und Vahe Petrosian im Januar 1987 berichteten, daß sie bei einer Untersuchung von 57 Galaxienhaufen in zwei Fällen merkwürdige, bis dahin nie gesehene, leuchtende Bögen entdeckt hatten. Spätere spektroskopische Beobachtungen bestätigten die Vermutung, daß es sich um die gesuchten Linsenbilder entfernter Galaxien handelte.

Bis heute sind über 25 Fälle von kosmischen Gravitationslinsen bekannt.

Meistens sind es runde Bögen, die das Zentrum des Galaxienhaufens umspannen, oder kleine, sichelförmige „Arclets". Auch mit Radioteleskopen konnten Galaxienbilder aufgespürt werden, darunter schließlich auch die ersten Einstein-Ringe. Sie haben Durchmesser von ein bis zwei Bogensekunden.

Damit hat sich Zwickys Hoffnung endlich erfüllt. Seine Prophezeiung, daß „uns die Beobachtungen solcher Gravitationslinsen-Effekte die einfachste und genaueste Methode zur Bestimmung der Nebelmassen an die Hand gibt", stellt sich indes im Lichte der jüngsten Forschung als etwas zu optimistisch heraus. Ohne Frage ist aber die Möglichkeit, mit Licht die Masse von Galaxienhaufen zu bestimmen, äußerst faszinierend. Wie läßt sich dies in der Praxis bewerkstelligen?

Linsenmodelle entstehen im Computer

Wir wollen hier die Theorie der Gravitationslinsen nicht im Detail vorführen. Einige prinzipielle Fragen lassen sich aber schon mit geringem Rechenaufwand ver-

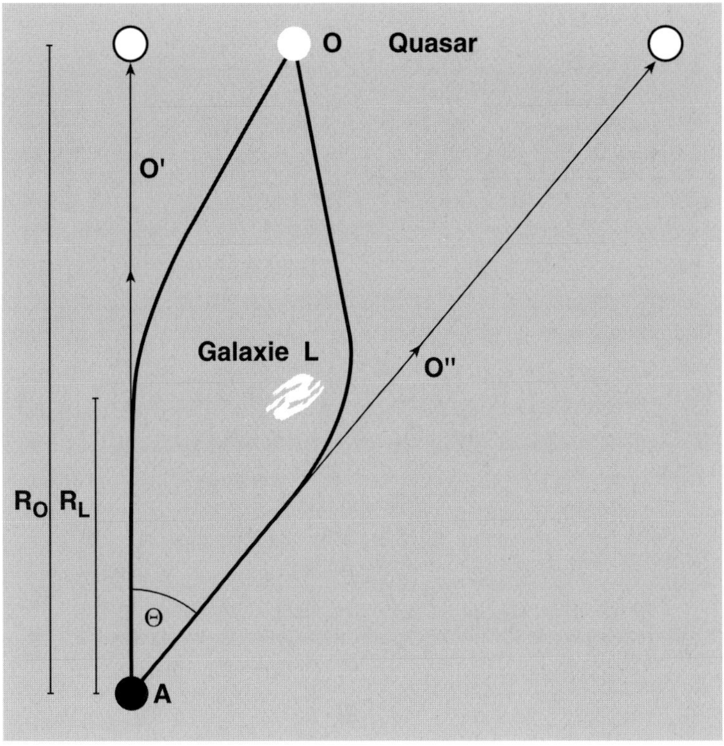

Beim Gravitationslinseneffekt hängt die Größe der Aufspaltung der Bilder beziehungsweise der Durchmesser des Einstein-Ringes von der gegenseitigen Entfernung der Objekte (R_O und R_L)und der Masse der „Linse" (L) ab.

Die Größe eines Einstein-Rings

Mit ein paar realistischen Zahlenwerten können wir den Ringradius berechnen. Nehmen wir als Beispiel den Perseus-Haufen. Sein Abstand beträgt 310 Millionen Lichtjahre (R_L= $2{,}9 \cdot 10^{24}$ m) und seine gravitative Masse etwa $2 \cdot 10^{15}$ Sonnenmassen ($M = 4 \cdot 10^{45}$ kg). Ein Objekt, beispielsweise ein Quasar, in einer Entfernung von einer Milliarde Lichtjahren direkt hinter dem Haufenzentrum würde dann als Ring mit einem Radius von 0,6 Grad erscheinen. Das entspricht etwa dem Vollmonddurchmesser und läßt sich leicht beobachten. Befindet sich der Quasar in der doppelten Entfernung, so beträgt der Ringradius 0,68 Grad, ist also kaum größer. Tatsächlich kann man den maximal möglichen Ringradius ausrechnen, wenn man annimmt, der Quasar befinde sich unendlich weit entfernt. Dann gilt nämlich $1/R_O = 0$, und man erhält $\theta = 0{,}74$ Grad.

stehen. Nehmen wir den idealisierten Fall, daß die Gravitationslinse punktförmig und ihr Gravitationsfeld somit völlig symmetrisch ist. Befinden sich nun der Astronom mit seinem Teleskop (A), die Linse (L) und das „gelinste" Objekt (O) in einer Linie, so erscheint O als leuchtender Ring um L. Den Ringradius nennen wir θ, die Abstände von der Erde $R_L$und R_O (gemessen in Metern) und die Masse der Linse M (gemessen in Kilogramm). In diesem ganz einfachen Fall errechnet sich θ nach der Formel:

$$\theta = K \sqrt{\frac{1}{R_L} - \frac{1}{R_D}}\, M$$

K ist eine Konstante, die sich aus der Lichtgeschwindigkeit und der Gravitationskonstante errechnet. Sie hat den Wert $K = 2 \cdot 10^{-11}$ $(m/kg)^{1/2}$.

An der Gleichung können wir bereits einiges ablesen. Zunächst einmal wird der Ring größer, je massereicher die Linse ist – ein nicht unerwartetes Ergebnis. Bei fester Linsenmasse wird der Ring kleiner, je weiter die Linse von der Erde entfernt ist, und umgekehrt wächst der Ringdurchmesser bei steigendem Abstand des hinteren, abgebildeten Objekts.

Ringe, Bögen und Arclets

Will man mit Licht Galaxienhaufen wiegen, so muß man also den Ringradius messen, was sich ganz einfach auf einer Aufnahme bewerkstelligen läßt, und die Entfernungen des Haufens und des Quasars bestimmen. Auch dies ist möglich, wenn man das Licht dieser Objekte spektral zerlegt und die Rotverschiebung mißt. Dies kann sehr schwierig und langwierig sein, weil die Ringe häufig sehr lichtschwach sind.

Erschwerend kommt hinzu, daß es die Astronomen weder bei der Linse noch bei dem gelinsten Objekt mit Punktquellen zu tun haben, sondern mit ausgedehnten Objekten, die eine komplizierte Struktur aufweisen. Häufig ist nämlich die Linse ein Galaxienhaufen und das entfernte Objekt eine Galaxie. Dann setzt sich die Linsenwirkung aus verschiedenen Komponenten zusammen, und das Bild wird sehr komplex. Die großräumige Form der Gravitationslinse, oben durch den Fuß eines Weinglases veranschaulicht, entsteht durch das heiße Gas und die dunkle Materie. Aber auch jede Einzelgalaxie in dem vorderen Haufen lenkt die Lichtstrahlen ab und kann Doppel- oder Mehrfachbilder einer entfernten Galaxie erzeugen. Sie prägen der groben Form Unregelmäßigkeiten auf, als befänden sich im Fuß des Weinglases kleine Blasen.

Bilder von Galaxienhaufen, die als Gravitationslinse wirken, zeigen denn auch eine Vielfalt von Formen. Nur selten sieht man einen

Der Galaxienhaufen Abell 2218 erzeugt von weit hinter ihm liegenden Galaxien sichelförmig verzerrte Bilder. (Foto: NASA/ESA)

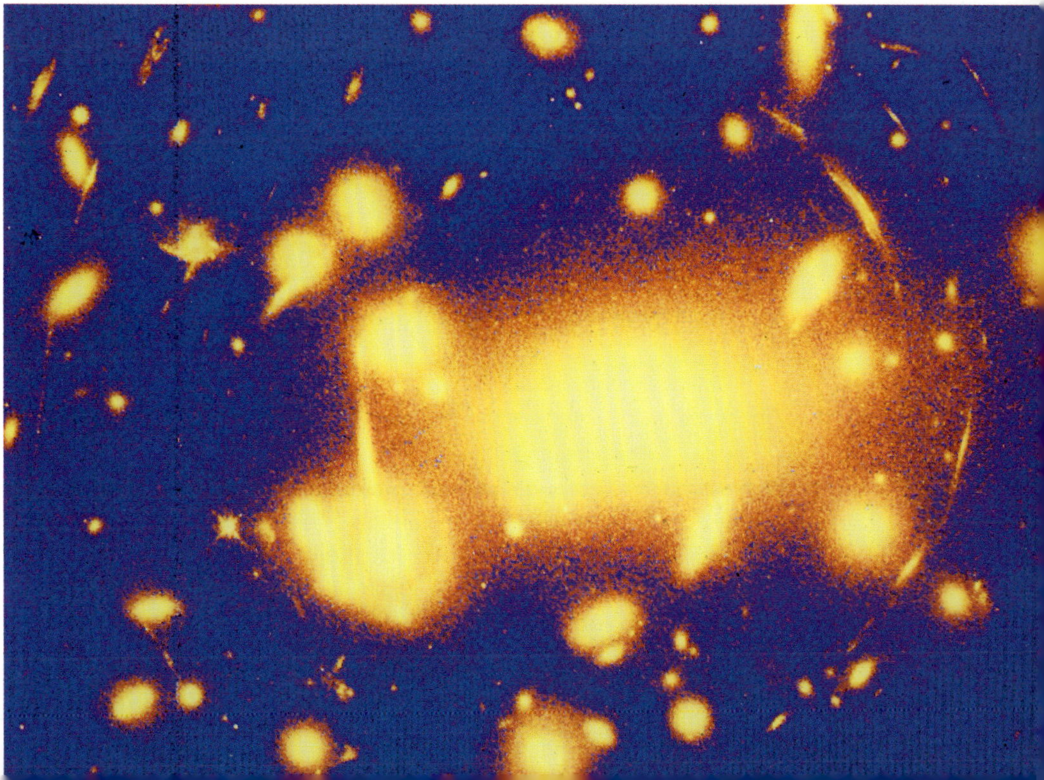

vollständigen Ring. Im allgemeinen sind die Linsen nicht vollständig symmetrisch, und die Objekte stehen nicht genau hinter dem Mittelpunkt der Linse. Deshalb erscheinen auf den Aufnahmen vornehmlich Ringbögen und Arclets. Um aus dieser Vielfalt die Eigenschaften der Haufenlinse herauszufinden, müssen die Entfernungen der Einzelobjekte ermittelt und die Aufnahmen exakt vermessen werden. Hieraus erstellt der Astrophysiker im Computer ein räumliches Modell der Materieverteilung im Haufen. Dieses Modell muß schließlich die beobachteten Bögen so wiedergeben, wie sie auf der Aufnahme erscheinen.

Hilfe vom Hubble-Weltraumteleskop

Bei den ersten Versuchen dieser Art hatten die Astrophysiker noch mit einer zu geringen Auflösung der Bilder zu kämpfen, auf denen zu wenig Details erkennbar waren. Die Beobachtungen mit dem Hubble-Weltraumteleskop brachten sie seit 1994 einen entscheidenden Schritt voran. Eine der bislang eindrucksvollsten Aufnahmen machte eine Gruppe amerikanischer, australischer und britischer Astronomen von dem knapp drei Milliarden Lichtjahre entfernten Galaxienhaufen Abell 2218. Die Geschwindigkeitsstreuung der Galaxien in diesem Haufen ist mit 1370 km/s hoch, und der Haufen strahlt stark im Röntgenbereich. Beides sind Anzeichen für eine hohe Masse.

Bereits mit erdgebundenen Teleskopen hatten Astronomen eine Reihe großer Bögen entdeckt und spektroskopisch untersucht. Mit dem Hubble-Teleskop kamen noch einmal 120 Arclets hinzu, verzerrte Bilder von Galaxien, die zwischen sechs und acht Milliarden Lichtjahre von der Erde entfernt sind. Eine Spektralanalyse zeigte hierbei auch, daß einige Objekte bis dahin fälschlicherweise als gelinst interpretiert worden waren – auch ein grundsätzliches Problem dieses Verfahrens. Ob zwei oder mehrere Bilder von einem oder mehreren Hintergrundobjekten stammen, läßt sich nur eindeutig klären, indem man eine Spektralanalyse vornimmt. Sind die Spektren von verschiedenen Bildern identisch, so kommt das Licht von einer einzigen Quelle.

Mit den neuen Aufnahmen von Abell 2218 waren die Forscher nun in der Lage, ein relativ detailliertes Schwerkraftbild eines Haufens zu modellieren. Bekannt war schon zuvor, daß hierin zwei große elliptische Galaxien die Schwerkraftzentren bilden. Sie sind von vielen kleineren Sternsystemen umgeben, wie eine Königin von ihrem

Hofstaat. Daß es bei Abell 2218 zwei Zentren gibt, ist etwas ungewöhnlich, aber auch nicht einzigartig.

Das Astronomenteam fand nun heraus, daß sich auch die Bögen und Arclets um diese beiden Galaxien anordnen, was man auf den Aufnahmen bereits mit bloßem Auge erkennen kann. Dies deutet darauf hin, daß auch die Dunkle Materie um die beiden Hauptgalaxien konzentriert ist. Dem Computermodell zufolge nimmt deren Dichte mit steigender Entfernung von der elliptischen Galaxie ab, allerdings nicht so stark wie die leuchtende Materie: Ihr relativer Anteil wächst an. In unmittelbarer Umgebung der Galaxie ist sie etwa zehnmal häufiger. In einer Entfernung von 1,3 Millionen Lichtjahren, bis wohin die Forscher das Gravitationsfeld und damit die Verteilung der Gesamtmaterie noch berechnen konnten, muß es sogar rund hundertmal mehr dunkle als leuchtende Materie geben. Insgesamt befinden sich in diesem Volumen $4{,}5 \cdot 10^{14}$ Sonnenmassen.

Die berechnete Verteilung der Gesamtmaterie ließ sich nun mit derjenigen des heißen Gases vergleichen. Hierzu diente eine Aufnahme, die Astronomen im Januar 1994 mit dem Röntgensatelliten ROSAT erhalten hatten. Jetzt ergab sich überraschenderweise ein anderes Bild: Das Gas zeigt im Röntgenlicht nicht die Aufteilung in zwei große Klumpen, sondern ist vielmehr nur um die große elliptische Galaxie verteilt, die eines der beiden Schwerkraftzentren bildet.

Abell 2218, das Produkt einer Kollision von zwei Galaxienhaufen

Warum das heiße Gas und die Dunkle Materie so unterschiedlich verteilt sind, ist nicht gänzlich geklärt. Die Forscher vermuten jedoch, daß Abell 2218 das Produkt eines Zusammenstoßes zweier Haufen ist. Demnach könnte die andere große Galaxie, also der heutige zweite „optische“ Schwerpunkt des Abell-Haufens, das Zentrum eines ehemals kleineren Haufens gewesen sein. Irgendwann in der Vergangenheit kamen sich die beiden Haufen so nahe, daß sie miteinander verschmolzen. Hierbei kam es nur selten vor, daß die Galaxien zusammenstießen, aber das weit verteilte Gas vermischte sich. In diesem Fall ging das Gas in dem Gesamthaufen auf und sammelte sich um dessen Schwerkraftzentrum, und das war die massereichste Galaxie. Sollte diese Hypothese richtig sein, wäre es bemerkenswert, daß zwar das Gas zu einer großen Wolke verschmilzt, nicht jedoch die Dunkle Materie. Sie zeigt offensichtlich noch die Doppelstruktur der beiden, heute vereinten Haufen.

Sollte dieses Szenario stimmen, so wäre dies eine Erschwernis bei der Abschätzung der Masse des heißen Röntgengases. Im allgemeinen setzen die Forscher bei ihrer Berechnung nämlich voraus, daß sich die gesamte Wolke im Gleichgewicht befindet. Das muß nach einem solchen kosmischen Zusammenstoß aber nicht der Fall sein. Unter diesen Vorbehalten errechneten die Wissenschaftler, daß das Röntgengas in einem Volumen mit einem Durchmesser von drei Millionen Lichtjahren nur etwa acht bis zwanzig Prozent zur Gesamtmasse beiträgt.

Diese Beobachtungen demonstrieren sehr eindrucksvoll, wie sich aus dem Gravitationslinseneffekt Verteilung und Menge der insgesamt in einem Haufen befindlichen Materie ableiten läßt. Wichtig ist, daß hierbei jede Art von Materie auf Grund ihrer Schwerkraftwirkung nachgewiesen wird. Deutlich wurden im Fall von Abell 2218 insbesondere zwei Dinge: Die Galaxien und das heiße, intergalaktische Gas können zusammen nicht die Gravitationslinsenbilder erklären. Die Dunkle Materie macht den Löwenanteil aus, und sie ist nicht in derselben Weise verteilt wie die Galaxien oder das Röntgengas.

Die Verteilung der Dunklen Materie

Dieses Forschungsgebiet ist noch sehr jung, die ersten genauen Modelle entstanden 1994/95. Ohne Zweifel werden sich die Massen der Galaxienhaufen in den nächsten Jahren noch genauer bestimmen lassen, wenn detailliertere Computermodelle und vor allem mehr Beobachtungsmaterial von exzellenter Qualität zur Verfügung stehen. Hier wird das Hubble-Weltraumteleskop mit seiner momentan noch unerreichten Auflösung einen entscheidenden Beitrag leisten können.

Große Hoffnungen setzen die Astronomen gleichermaßen auf die kommende Generation von Großteleskopen, die mit Spiegeln mit Durchmessern von acht bis zehn Metern ausgestattet sein wird. Mit diesen Riesenaugen werden auch extrem schwache Objekte sichtbar,

Europa baut neues Super-Teleskop

Zwischen 1997 und 2001 soll auf dem 2640 Meter hohen Cerro Paranal in der Atacama-Wüste in Chile das zukünftig größte Observatorium der Welt in Betrieb gehen, das Very Large Telescope der Europäischen Südsternwarte (ESO). Vier Teleskope mit einem Spiegel von jeweils 8,20 Metern Durchmesser sollen dann entweder unabhängig voneinander oder im Verbund der Beobachtung fernster Objekte zur Verfügung stehen.

so daß die Astronomen Einblick in die hintersten Winkel des Universums erhalten. Zu diesen neuen Instrumenten gehört das seit Anfang 1994 arbeitende Keck-Teleskop auf Hawaii, das mit seinem Zehnmeterspiegel das derzeit größte Instrument der Erde ist.

Daß aber keineswegs immer die größten Teleskope nötig sind, um aufsehenerregende Ergebnisse zu erzielen, demonstrierten Anfang der neunziger Jahre drei Forschungsgruppen. Sie entdeckten einen Teil der Dunklen Materie in unserer Milchstraße, dunkle Körper mit der Bezeichnung MACHO. Gefunden wurden sie mit einer Methode, die auf der Lichtverstärkung beim Gravitationslinseneffekt basiert, dem Phänomen also, das Einstein vor rund 60 Jahren als akademische Spielerei angesehen hat.

MACHOs umgeben die Spiralgalaxien

Das Band der Milchstraße – Blick auf unsere Spiralgalaxie vom Standpunkt eines Mitgliedes.

„Zukünftige Astronomiehistoriker werden eines Tages die Mitte des 20. Jahrhunderts möglicherweise als Galaxien-Ära bezeichnen." Dies sagte Vera Rubin voraus, eine Astronomin an der Carnegie Institution in Washington, die selbst einen großen Beitrag zur Erforschung dieser Welteninseln geleistet hat. Insbesondere fanden sie und Kollegen einen der überzeugendsten Hinweise auf die Existenz Dunkler Materie.

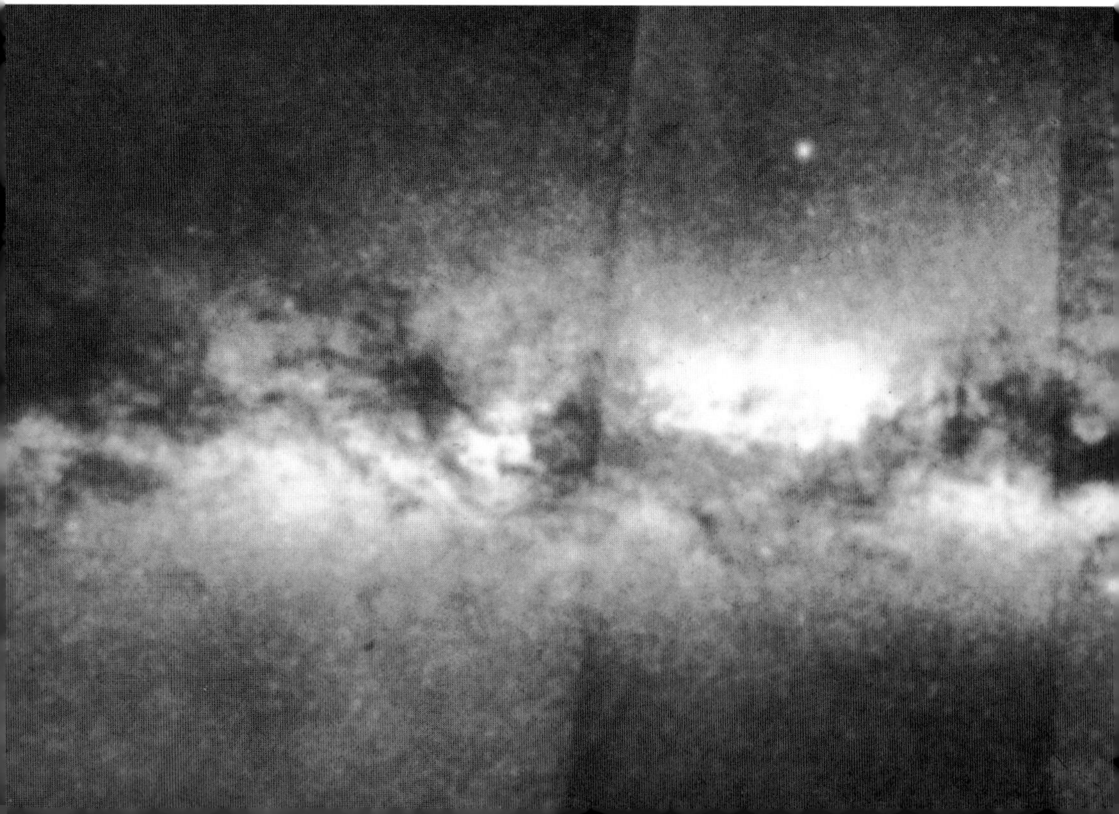

Die Milchstraße und andere Galaxien

Nur noch selten haben wir das Glück, fernab vom Lichtsmog der Städte das schwach schimmernde Band der Milchstraße zu erkennen. Seit jeher hat es die Menschen fasziniert, und seit jeher haben sie versucht, seine wahre Natur zu ergründen.

Von Zeus bis Hubble

In der griechischen Mythologie entstand die Milchstraße, als Zeus seinen unehelichen Sohn Herakles seiner Frau Hera nachts heimlich an die Brust legte, diese erschrocken aufsprang und den Bastard von sich schleuderte, so daß ihre Muttermilch über den Himmel spritzte.

Besonnener deutete Aristoteles das glitzernde Band. Er glaubte, es handele sich um eine Feuererscheinung, die entsteht, wenn Luft sich durch Reibung an einer der himmlischen Sphären entzündet. Genauer betrachtet hatten sich die Milchstraße offenbar die griechischen Ato-

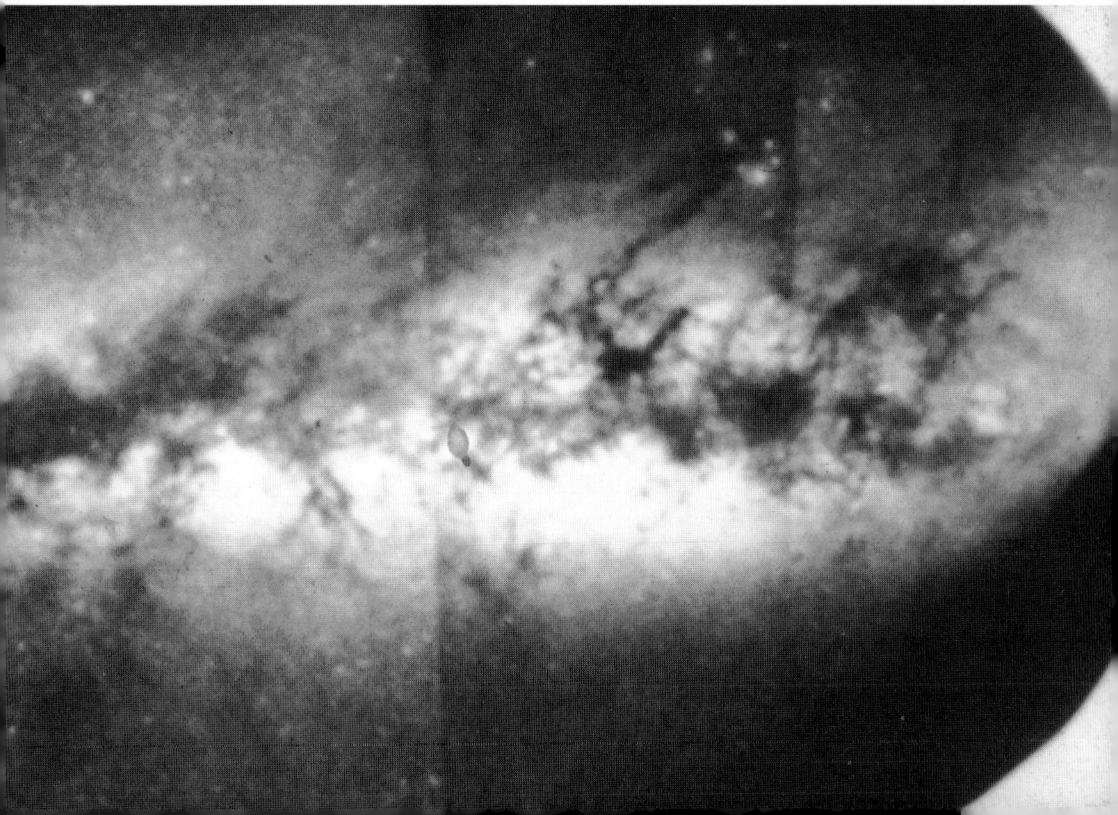

misten Leukipp und Demokrit. Bereits etwa hundert Jahre vor Aristoteles deuteten sie das schimmernde Band richtig als das gemeinsame Licht vieler Sterne.

Aber erst Galileo Galilei war rund 2000 Jahre später in der Lage, diese Vorstellung zu bestätigen, als er sein Fernrohr auf den gestirnten Himmel richtete. Die Idee, daß die Sterne und die Milchstraße zusammen ein übergeordnetes, räumliches System bilden, kam Mitte des 18. Jahrhunderts auf. Damals hatten Thomas Wright, Immanuel Kant und Johann Heinrich Lambert erstmals die qualitative Vorstellung von einer scheibenförmigen Anordnung der Gestirne. Die erste wissenschaftliche, quantitative Untersuchung begann Friedrich Wilhelm Herschel im Jahre 1783.

Herschel kam zu dem Schluß, daß sich das Sonnensystem, und damit auch die Erde, etwa im Zentrum eines ellipsenförmigen Systems, bestehend aus 20 Millionen Sternen, befinden müsse.

Zur gleichen Zeit gaben auch eigenartige Nebelflecken, die man in großen Teleskopen sah, den Astronomen Rätsel auf. Wenige, wie derjenige im Sternbild Andromeda, waren sogar mit bloßem Auge sichtbar. Im Jahre 1845 beobachtete der Earl of Rosse in Irland mit dem damals größten Instrument der Welt, einem 1,80-Meter-Teleskop, einen dieser Nebel, der die Nummer 51 in dem Katalog nebelartiger Objekte des französischen Astronomen Charles Messier trug. Seine damals angefertigte Skizze löste unter seinen Kollegen heftige Diskussionen aus. Sie zeigte nämlich ganz deutlich eine Spiralstruktur, die viele für einen wirbelförmigen Gasnebel hielten, in dessen Zentrum sich ein Stern bildet. Man sah hierin eine Bestätigung der Hypothesen von Kant und Laplace, die bereits im 18. Jahrhundert vermutet hatten, daß Sterne und Planeten aus rotierenden Gaswolken entstehen.

Eine entscheidende Wende trat jedoch im letzten Viertel des 19. Jahrhunderts ein, als die Astronomen mehr und mehr die neue Technik der Fotografie für ihre Forschung zu nutzen begannen. Nun wurden auf lang belichteten Aufnahmen auch schwache Objekte sichtbar, konnten die Astronomen ihren Horizont immer weiter ziehen. Die Diskussion um Struktur und Größe der Milchstraße und die Natur der mysteriösen Nebel, die man nicht in einzelne Sterne auflösen konnte, wurde indes immer heftiger geführt.

Die Schlüsselrolle in der Entscheidung dieses Disputs sollte dem Andromeda-Nebel zukommen, da er am hellsten und größten und somit am einfachsten zu beobachten war. Einfach bedeutete damals allerdings noch, daß man am 2,50-Meter-Teleskop auf dem Mount Wilson eine Fotoplatte rund 80 Stunden lang (das heißt in einer einwöchigen Etappenarbeit!) belichten mußte, um ein einigermaßen brauchbares Spektrum vom hellsten Teil des Andromeda-Nebels zu erhalten. Am Königlich-Astrophysikalischen Observatorium in Potsdam gelang Julius Scheiner 1899 ein Spektrum, auf Grund dessen er den Nebel eindeutig als eine Ansammlung von Sternen identifizierte. Damit war aber immer noch nicht die Frage nach der Entfernung geklärt. Hierzu bedurfte es moderner Methoden, man brauchte Entfernungsindikatoren oder, wie man heute sagt, Standardkerzen.

Das Spektrum verriet: Der Andromeda-Nebel ist eine Ansammlung aus Sternen

Der amerikanische Astronom Harlow Shapley nutzte die Cepheiden als erster für eine erfolgreiche Entfernungsmessung. Shapley stammte aus Missouri und wollte eigentlich Journalist werden, nahm dann aber doch eher zufällig das Studium der Astronomie auf. Ihm gelang es 1918, die Entfernung einiger Kugelsternhaufen aus der Beobachtung anderer Veränderlicher, sogenannter RR-Lyrae-Sterne, zu bestimmen. Kugelhaufen umgeben die Milchstraße wie die Kometen die Sonne. Ihre Entfernung war somit ein Maß für die Größe der Galaxis. Sein Ergebnis war: Die Milchstraße ist ein abgeplattetes Gebilde mit einem Durchmesser von 320000 Lichtjahren und einer Dicke von 32000 Lichtjahren. Eine gigantische Ausdehnung, an die viele nicht glauben mochten. Doch Shapley behielt recht. Und bereits fünf Jahre später klärte ein anderer Amerikaner, Edwin Powell Hubble, die Frage der Nebel und bereitete der großen „Welteninseldebatte" ein Ende.

Kosmische Leuchtfeuer als Entfernungsmaß

Es gibt veränderliche Sterne, die ihre Helligkeit mit periodischer Regelmäßigkeit ändern, weil sie pulsieren, sich also rhythmisch aufblähen und zusammenziehen. Man hatte Anfang unseres Jahrhunderts herausgefunden, daß es bei diesen Sternen offenbar einen Zusammenhang zwischen der Dauer des Lichtwechsels und der wahren Helligkeit gab: Je heller sie sind, desto langsamer ist ihre Helligkeitsvariation. Man konnte anhand einiger verhältnismäßig naher Delta-Cepheiden eine Beziehung zwischen der absoluten Leuchtkraft und der Periode herstellen. Findet man nun in fernen Sternsystemen Delta-Cepheiden, so mißt man deren Periode und leitet daraus seine absolute Helligkeit ab. Aus der gemessenen, scheinbaren Helligkeit läßt sich dann leicht die Entfernung berechnen.

Der amerikanische Astronom Edwin Powell Hubble löste das Rätsel der Spiralnebel und entdeckte die Flucht der Galaxien.

Hubble arbeitete seit 1914 mit dem 2,50-Meter-Reflektor am Mount-Wilson-Observatorium. Damit gelang es ihm, in den Außenbereichen des Andromeda-Nebels einige besonders helle Sterne nachzuweisen, darunter auch einige Delta-Cepheiden. Aus der Messung ihrer scheinbaren Helligkeit und der Dauer der Helligkeitsschwankung erhielt er 1923 für deren Entfernung einen Wert von sagenhaften 800 000 Lichtjahren. Der Andromeda-Nebel war demnach kein Mitglied unserer Milchstraße, sondern ein eigenes, vermutlich dem unseren sehr ähnliches Sternsystem.

Die Milchstraße gehört zum Typ der Spiralgalaxien und ähnelt in Form und Größe dem – wie man heute weiß – 2,2 Millionen Lichtjahre entfernten Andromeda-Nebel.

Galaxien – rotierende Sternenräder

Mittlerweile hat sich das Bild der Milchstraße und der anderen Galaxien im Universum vervollständigt. Demnach leben wir in einer diskusförmigen Scheibe mit einem Durchmesser von 100 000 Lichtjahren und einer mittleren Dicke von 3000 Lichtjahren. Rund 100 Milliarden Sterne sowie Wolken aus Gas und Staub befinden sich darin. Wenn wir in Richtung der Scheibenebene schauen, sehen wir sehr viele Sterne. Sie bilden das Milchstraßenband. Senkrecht dazu, zum Beispiel in Richtung des Sternbildes Großer Bär, blicken wir aus der Scheibe hinaus und sehen nur noch wenige Sterne. Alle Objekte bewegen sich in diesem riesigen Sternenrad um das Zentrum, von dem die Sonne etwa 25 000 Lichtjahre entfernt ist. Die Entfernung zum äußeren Rand beträgt etwa 23 000 Lichtjahre.

Auf langbelichteten Aufnahmen erkennt man bei dieser Nachbargalaxie deutlich die ausgedehnte Scheibe, auf die wir schräg von oben schauen, die Spiralarme sowie den hellen Kernbereich, in dem

Die Andromeda-Galaxie bildete einen Meilenstein in der Erforschung des Universums.

die Helligkeit, und somit auch die Sterndichte, zum Zentrum hin stark ansteigt.

Mit dem Bau immer größerer Teleskope und der Entwicklung empfindlicherer Detektoren machte die Erforschung der sehr lichtschwachen Galaxien große Fortschritte. Bis heute beibehalten haben die Astronomen die von Hubble eingeführte Klassifikation nach der Form. Danach unterscheidet man im wesentlichen vier Typen: elliptische Galaxien, die die Form eines Rugby-Balls haben, linsenförmige Galaxien, die eine Scheibe und eine zentrale Verdickung, jedoch keine Spiralarme aufweisen, Spiralgalaxien wie den Andromeda-Nebel und irreguläre Galaxien mit einer unregelmäßigen Gestalt. Wir wollen uns im Folgenden ausschließlich mit den Spiralen befassen, da sie die offensichtlichsten Hinweise für die Existenz Dunkler Materie geliefert haben.

Die Hubble-Klassifikation der Galaxien

Auf Grund spektrographischer Aufnahmen hatte man herausgefunden, daß diese Sternsysteme rotieren. Alles andere hätte die Astronomen allerdings auch überrascht, denn nur durch den gemeinsamen Umlauf aller Objekte kann ein solches Sternsystem stabil sein. Warum dies so ist, können wir an unserem Sonnensystem zunächst etwas einfacher klar machen.

Keplers Gesetz verrät die Masse

Im Zentrum des Planetensystems ruht die Sonne. Würden die Planeten still stehen, so würden sie von der gewaltigen Schwerkraft angezogen und unweigerlich in unser Zentralgestirn hineinstürzen. Durch ihren Umlauf wirkt auf die Planeten aber die Zentrifugalkraft, die ebenso groß ist wie die Schwerkraft, jedoch genau in entgegengesetzter Richtung wirkt. Die beiden Kräfte heben sich gegenseitig auf, so daß die Planeten auf stabilen Bahnen die Sonne umlaufen.

Das Gesetz, nach dem sich die Bewegung eines Körpers in einem Zentralfeld wie dem der Sonne beschreiben und berechnen läßt, geht auf den englischen Physiker Isaac Newton zurück. Es hat vor allem eine interessante Eigenschaft, die eine genauere Betrachtung verdient. Es zeigt sich nämlich, daß die Umlaufgeschwindigkeit eines Planeten einzig von der Masse des Zentralgestirns und von der Entfernung zu ihm abhängt. Die Masse des Planeten hat auf die Geschwindigkeit keinerlei Einfluß: Auf einer bestimmten Bahn bewegt sich ein Planet mit derselben Geschwindigkeit um die Sonne wie ein Staubkorn. (Aus diesem Grunde können Astronauten neben dem Space Shuttle schweben.) Dies bedeutet, daß man die Masse des Zentralobjekts berechnen kann, wenn Umlaufgeschwindigkeit und Radius der Planetenbahn bekannt sind.

Schon einige Jahrzehnte vor Newton hatte der deutsche Astronom Johannes Kepler auf empirischem Wege einen Zusammenhang zwischen der Bahngeschwindigkeit der Planeten und ihrem Abstand von der Sonne erkannt und in einem nach ihm benannten Gesetz formuliert.

Ganz exakt gilt das Gesetz nicht, denn genau genommen zählt die gesamte Materie innerhalb der jeweiligen Planetenbahn. Beim innersten Planeten Merkur ist dies nur die Sonne, bei der Erde aber befinden sich innerhalb ihrer Bahn zusätzlich zur Sonnenmasse noch diejenigen von Merkur und Venus. Deren Massenanteil ist indes so gering, daß man ihn in vielen Fällen vernachlässigen kann.

Bei den Galaxien ist dies sehr ähnlich. Allerdings befindet sich hier nicht im Zentrum eine einzige dominierende Masse, um die sich die anderen Objekte bewegen, sondern die Spiralgalaxien weisen eine bestimmte Massenverteilung auf, die man bereits auf den Aufnahmen beispielsweise vom Andromeda-Nebel erkennt. Er besitzt einen nahezu kugelförmigen Kernbereich mit einem Durchmesser von etwa 20 000 Lichtjahren, den die Astronomen auch Bulge (englisch für Wulst oder Bauch) nennen. Er ist sehr hell und besitzt im Zentrum so viele Sterne, daß diese nicht mehr einzeln erkennbar sind. Die sich daran anschließende Scheibe ist hingegen verhältnismäßig flach und weist eine wesentlich geringere Sterndichte auf.

Mit Hilfe spektroskopischer Untersuchungen konnte man an dieser und anderen Spiralgalaxien die Geschwindigkeiten bestimmen, mit denen sich Sterne und Gaswolken um das Zentrum bewegen. Dabei fand man allerdings keine reine „Kepler-Bewegung“, wie sie sich aus dem Keplerschen Gesetz ergeben hätte. Dies war so auch nicht zu erwarten, denn die Verhältnisse sind hier komplizierter als in unserem Sonnensystem.

Aus der Rotation einer Galaxie kann man ihre Masse bestimmen.

Wir erinnern uns: Entscheidend für die Umlaufgeschwindigkeit eines Körpers auf einer bestimmten Bahn ist die innerhalb dieser Bahn befindliche Masse. Im Bulge einer Spiralgalaxie nimmt die Anzahl der Sterne innerhalb der Bahnen mit wachsendem Abstand vom Mittelpunkt zu. Man kann ausrechnen, daß die Umlaufgeschwindigkeit linear mit dem Abstand zunehmen muß, wenn die Sterndichte im Bulge konstant bleibt. Tatsächlich fanden die Astronomen bei ihren ersten Untersuchungen genau dieses Gesetz erfüllt.

Lange Zeit war es aber nicht möglich, die Geschwindigkeiten von Objekten in den lichtschwachen Außenbereichen der Scheiben zu bestimmen. Im Vergleich zum hellen Zentralgebiet war hier offenbar nicht mehr sehr viel Materie zu erwarten. Man ging deshalb davon aus, daß die Sterne und Gaswolken fast genau nach dem Kepler-Gesetz das Zentralgebiet umkreisen würden, das heißt, die Geschwindigkeiten sollten mit wachsendem Abstand vom Galaxienzentrum in einer Weise abnehmen, wie man es im Sonnensystem findet. Niemand aber wußte bis Ende der sechziger Jahre, wie es sich tatsächlich verhält.

Und sie drehen sich – doch zu schnell

Zu Beginn der 70er Jahre machte sich eine Gruppe amerikanischer Astronomen um Vera Rubin und Kent Ford von der Carnegie Institution in Washington daran, die Rotationskurven im optischen Bereich über die gesamte Ausdehnung der Scheibe zu messen. Möglich wurde dies durch den Einsatz von elektronischen Bildverstärkern, die das einfallende Licht etwa um das Zehnfache verstärken. Nun konnte man auch von den lichtschwachen Objekten in den Außenbereichen der Spiralgalaxien Spektren aufnehmen, vor allem von den leuchtenden Gasnebeln.

Bereits die ersten Spektren einiger ausgewählter Spiralgalaxien waren verblüffend. Zwar stiegen die Rotationsgeschwindigkeiten erwartungsgemäß im hellen Kernbereich, dem Bulge, mit wachsender Entfernung an. Im weiteren Verlauf aber fielen sie nicht gemäß dem Kepler-Gesetz ab, sondern blieben konstant. Unter insgesamt 60 Galaxien zeigte praktisch keine den erwarteten Verlauf.

Gleichzeitig machte man auch Fortschritte in der Radioastronomie. Im niederländischen Westerbork entwickelte der niederländische Pionier der Radioastronomie, Jan Hendrik Oort, ein Synthese-

Radioteleskop, mit dem man erstmals einzelne Wasserstoffwolken in anderen Galaxien untersuchen konnte. Da sie noch in großen Entfernungen von den Galaxienzentren nachweisbar waren, stellten sie gute Indikatoren für die Umlaufgeschwindigkeiten in den Außenbereichen dar.

Ein besonders gut untersuchtes Beispiel ist die 30 Millionen Lichtjahre entfernte Spiralgalaxie NGC 3198. Auf Bildern im optischen Bereich sieht man eine regelmäßig gewundene Spiralgalaxie. Bei Beobachtungen mit dem Radioteleskop in Westerbork ließ sich die Strahlung von Wasserstoffwolken noch bis weit über den optischen Rand hinaus nachweisen.

In dem hellen Kerngebiet steigt die Geschwindigkeit vom Zentrum aus bis auf etwa 150 km/s an und bleibt von da an bis in eine

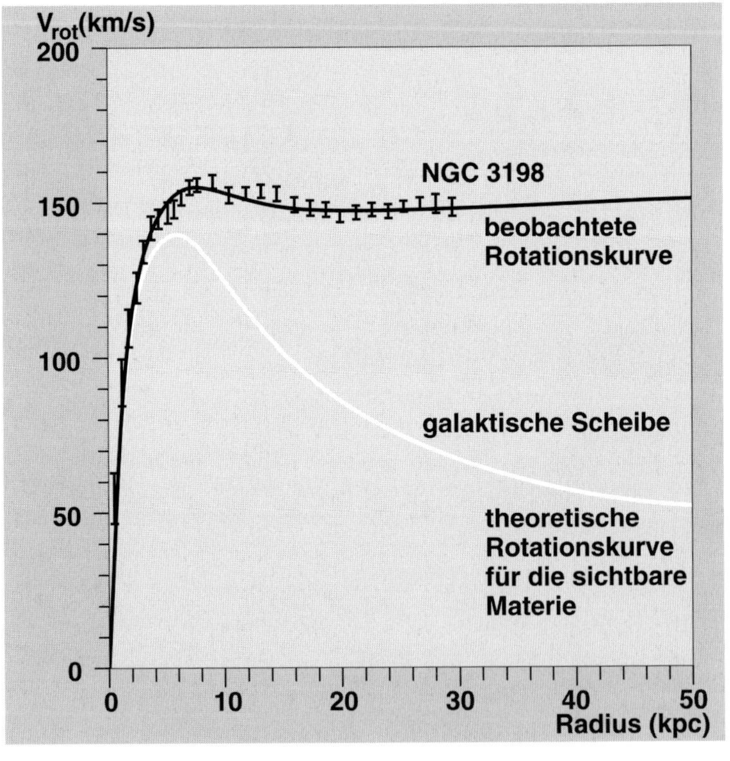

Die Umlaufgeschwindigkeiten der Sterne und Gasnebel in Spiralgalaxien sollten vom Zentrum hin nach außen abnehmen; tatsächlich bleiben sie aber konstant.

Entfernung von 100 000 Lichtjahren nahezu konstant. Auf Grund der Helligkeitsverteilung, die als Maß für die Sternverteilung angesehen werden kann, würde man in diesem Außenbereich eine Umlaufgeschwindigkeit von höchstens 40 km/s erwarten.

Rotationskurve als Hinweis auf Dunkle Materie

Forscher vom astronomischen Kapteyn-Institut im niederländischen Groningen und der Universität Princeton konstruierten nun im Computer ein Massenmodell der Galaxie, das die beobachtete Rotationskurve erklärt. Hierbei zeigte es sich, daß sich die Objekte im Kernbereich, dem Bulge, etwa so schnell bewegen, wie man es von der Helligkeitsverteilung erwarten würde. Mit steigendem Abstand vom Zentrum wurde jedoch zunehmend unsichtbare Materie nötig, um die hohen Geschwindigkeiten zu erklären. Insgesamt muß NGC 3198 zwischen sechs- und zehnmal mehr dunkle als leuchtende Materie enthalten. Hierbei kann es sich übrigens nicht um den im optischen Bereich unsichtbaren Wasserstoff handeln. Aus der Intensität des Radiosignals errechneten die Astronomen einen Anteil dieses Gases von lediglich zwei bis drei Prozent an der Gesamtmasse.

Im Innern des Sternenrades

Natürlich haben die Astronomen auch die Rotationskurve unserer Milchstraße unter die Lupe genommen. Bei einer entfernten Galaxie ist dies jedoch einfacher, weil die Forscher das gesamte System im Überblick erfassen. In der Milchstraße sitzen sie mittendrin. Dies ist vergleichbar mit der Aufgabe, den jeweiligen Stand eines Autorennens zu beurteilen. Einem Beobachter, der in einem Hubschrauber über dem Motodrom kreist, wird dies leichter fallen als dem Rennfahrer selbst. Dennoch begannen die Forscher schon früh, aus der Rotation der Milchstraße deren Masse abzuleiten.

Als gesichert gilt heute, daß selbst in einem Abstand von 100 000 Lichtjahren noch kein Abknicken der Rotationskurve in den Kepler-Bereich erfolgt – ein Ende ist nicht abzusehen. Mit der obigen Formel errechnet man hieraus ganz grob eine Masse von 300 Milliarden Sonnenmassen innerhalb eines Radius von 100 000 Lichtjahren.

In einem Beitrag in der Zeitschrift *Scientific American* zogen Rubin und Mitarbeiter 1983 aus all jenen Beobachtungen den zwingenden Schluß: „Die Masse einer Spiralgalaxie ist nicht im Zentrum

Die Rotationskurve der Galaxis

Die Rotationskurve unserer Milchstraße zeigt qualitativ denselben Verlauf wie die der anderen Spiralnebel: Vom Zentrum an steigt die Umlaufgeschwindigkeit bis in eine Entfernung von 6000 Lichtjahren bis auf 200 km/s an und bleibt von da an etwa konstant. Unsere Sonne, 28 000 Lichtjahre vom galaktischen Zentrum entfernt, rast mit 225 km/s durch das All. Bis in eine Entfernung von mindestens 60 000 Lichtjahren ändert sich hieran nichts. Gäbe es nur die leuchtende Materie, so dürfte ein Stern nach dem Keplerschen Gesetz dort nurmehr eine Geschwindigkeit von etwa 160 km/s aufweisen.

konzentriert, und die Abnahme der sichtbaren Helligkeit in den Randbereichen liefert keine Anhaltspunkte für die Verteilung der gesamten Materie in einer Galaxie“. Vielmehr ließen sich die gemessenen Rotationskurven nur unter der Annahme verstehen, daß die Sternsysteme wesentlich mehr Materie enthalten als man bis dahin angenommen hatte. Gäbe es nur die leuchtende Materie, so würde ihre Schwerkraft nicht ausreichen, um die Sterne in den Außenbereichen zu halten, und die starken Zentrifugalkräfte würden sie ins All hinausschleudern.

Dunkle Materie im Halo der Galaxien

Prinzipiell kann man aus den Rotationskurven die Gesamtmasse der Galaxien berechnen. Ganz so einfach ist es allerdings nicht, weil man zunächst einmal nicht weiß, wo sich die unsichtbare Materie befindet.

Einen ersten Hinweis darauf, daß sie einen ausgedehnten kugelförmigen Halo bildet, fanden 1973 Jeremiah Ostriker und James Peebles von der Universität Princeton. Sie hatten in einer gemeinsamen theoretischen Arbeit im Computer eine Modellgalaxie erstellt, indem sie einige hundert Massenpunkte, die die Sterne repräsentierten, in einer dünnen Scheibe anordneten. Dann berechneten sie, wie sich dieses Ensemble auf Grund der gemeinsamen Schwerkraft bei Rotation um das Scheibenzentrum verhält.

Überraschenderweise zeigte sich, daß sich die Objekte bereits nach einer halben Umdrehung in Form eines langen Balkens ansammelten und die Scheibe schon nach kurzer Zeit zerfallen war. Übertragen auf unsere Milchstraße würde dies bedeuten, daß diese nach bereits etwa 100 Millionen Jahren ihre schöne Scheibenform verloren hätte. Tatsächlich ist sie aber sehr wahrscheinlich seit etwa 10 Milliarden Jahren stabil.

Daraufhin betteten Ostriker und Peebles ihre Modellgalaxie in einen Materiehalo ein und beobachteten nun das dynamische Verhalten. Und siehe da: Wenn der Halo mindestens genausoviel Materie enthielt wie die Scheibe, blieb das Sternsystem stabil. Damit waren die Forscher von zwei verschiedenen Richtungen ausgehend zu demselben Schluß gekommen: Die Spiralgalaxien, jene herrlich-leuchtenden Welteninseln, stellen nur die Spitze eines Materieeisberges dar. Der Löwenanteil aber ist dunkel, und gerade er bewahrt die Sternsysteme mit unsichtbarer Hand vor dem Zerfall.

Wie groß der Anteil der Dunklen Materie ist, läßt sich bislang noch nicht ganz genau sagen, und auch über die Ausdehnung der dunklen Halos ist wenig bekannt. Prinzipiell ließe sich darüber mehr erfahren, wenn man Objekte außerhalb der Milchstraße studieren würde, die sich unter ihrer Schwerkraftwirkung bewegen. Solche Untersuchungen sind beispielsweise an den Kugelsternhaufen durchgeführt worden, die sich um das galaktische Zentrum bewegen. Über 150 kennt man von ihnen, die bis zu 300000 Lichtjahre vom Zentrum der Milchstraße entfernt sind. Auch die Bewegung relativ nahe gelegener Galaxien bis in eine Entfernung von 800000 Lichtjahren ist zu diesem Zweck studiert worden. Das Prinzip besteht darin, daß man die Geschwindigkeiten der verschieden weit entfernten Objekte mißt, daraus die Gesamtmasse der Milchstraße berechnet und die Ausdehnung des Halos abschätzt.

Diese Untersuchungen weisen zwei Schwachpunkte auf: Zum einen weiß man nicht in allen Fällen genau, ob die Objekte wirklich an die Milchstraße gebunden sind. Zum anderen läßt sich mit Hilfe des Doppler-Effekts stets nur eine Bewegungskomponente messen, und zwar die radiale. Damit erfaßt man nur den Geschwindigkeitsanteil, der direkt auf uns zu oder von uns fortweist; eine Eigenbewegung senkrecht zu der radialen Komponente läßt sich derzeit noch nicht mit ausreichender Genauigkeit messen. Somit weiß man auch nicht, ob sich die Objekte auf Kreisbahnen oder stark elliptischen Bahnen

1965 setzte die Internationale Astronomische Union die Masse unserer Milchstraße auf 180 Milliarden Sonnenmassen fest.

bewegen. Angesichts dieser Unsicherheiten verwundert es nicht, daß die bisherigen Abschätzungen der Gesamtmasse unserer Milchstraße stark schwanken. Sie reichen von 460 Milliarden bis über eine Billion Sonnenmassen.

Eine sehr originelle Abschätzung geht von einer Überlegung aus, in der man zunächst einmal nur die beiden größten Galaxien der Lokalen Gruppe, den Andromeda-Nebel und die Milchstraße, betrachtet. Nach den heutigen Theorien entwickelten sie sich aus zwei riesigen Gaswolken, die sich unter der eigenen Schwerkraft zusammenzogen. Während dieses langen Zeitraums expandierte das Universum, was dazu führte, daß sich alle Objekte voneinander entfernten. Nur wenn die Anziehung der Schwerkraft zwischen zwei Objekten größer als die „Expansionskraft" ist, streben sie nicht voneinander fort, sondern bleiben im gemeinsamen Gravitationsfeld aneinander gebunden. Dies ist offenbar bei der Milchstraße und der Andromeda-Galaxie der Fall. Man kann nun berechnen, wie groß die Masse der beiden Galaxien sein muß, damit die jetzige Situation überhaupt eintreten kann. Solche Rechnungen führen für die Milchstraße sogar auf drei bis sechs Billionen Sonnenmassen.

Galaxienmassen lassen sich nicht genau angeben

Dies alles deutet darauf hin, daß die Halos um Spiralgalaxien sehr weit ausgedehnt sein müssen. Man gewinnt den Eindruck, daß sie sich in einigen Fällen sogar überlappen können. Diese Vorstellung führte den kanadischen Galaxienforscher Scott Tremaine vor einigen Jahren zu der Vermutung, daß sich die Massen großer Galaxien wie der unseren grundsätzlich nicht genau angeben lassen, denn „wollte man die äußere Grenze oder die Gesamtmasse einer Galaxie festlegen, käme das der Aufgabe gleich, die Begrenzung einer Welle auf stürmischer See zu definieren".

Halo-Objekte – die Kandidaten

Nachdem die Astronomen bei praktisch jeder Spiralgalaxie dieselben Indizien für die Existenz eines dunklen Halos gefunden hatten, tauchte natürlich die Frage auf, woraus er bestehen könnte. Ausgedehnte Wolken aus Wasserstoffgas kamen nicht in Frage, da sie sich auf verschiedene Weise hätten bemerkbar machen müssen. Das Gas strahlt entweder selbst oder absorbiert das Licht anderer Sterne.

Ostriker und Peebles vermuteten, daß die Halos mit extrem lichtschwachen Himmelskörpern angefüllt sind, die sich selbst mit den stärksten Teleskopen nicht mehr nachweisen lassen. Hierfür gäbe es verschiedene Möglichkeiten:

- Kühle Objekte von der Größe eines Planeten;
- Braune Zwerge, Objekte mit Massen zwischen einer tausendstel und acht hundertstel Sonnenmassen, die millionen- bis milliardenmal lichtschwächer sind als die Sonne;
- Weiße Zwerge, ausgebrannte Sterne mit rund einer Sonnenmasse, die aber bis auf die Größe der Erde geschrumpft sind und hundert bis zehntausendmal lichtschwächer sind als die Sonne;
- Neutronensterne, Endstadien massereicher Sterne, deren Zentralbereiche von etwa einer Sonnenmasse bis auf 20 Kilometer zusammengebrochen sind und die als Pulsare in Erscheinung treten können, oder
- Schwarze Löcher, Endstadien massereicher Sterne, deren Zentralbereiche von mehr als rund 3 Sonnenmassen zusammengebrochen sind; sie können sich nur indirekt bemerkbar machen, wenn sie Materie anziehen, die sich dann erhitzt und leuchtet.

Lohnt sich die Suche doch?

Es schien aussichtslos, solche lichtschwachen Objekte jemals nachweisen zu können, bis im Jahre 1986 der Astronom Bohdan Paczynski der Suche nach der Dunklen Materie neue Impulse verleihen sollte.

MACHOs - gibt es sie wirklich?

Wir erinnern uns, daß Einstein im Rahmen seiner Allgemeinen Relativitätstheorie voraussagte, Sterne würden das Licht hinter ihnen befindlicher Sterne ablenken. Als Folge hiervon entstehen mehrere Bilder oder ein Ring, die jedoch zu nahe beisammen sind beziehungsweise zu klein sind, um durch ein Teleskop erkennbar zu sein. Stattdessen steigt die Helligkeit des hinteren Sterns an, während der Vordergrundstern vor ihm vorbeizieht, und fällt anschließend wieder ab. Wegen der geringen Aufspaltung der Bilder beziehungsweise des Einstein-Ringes im Bereich von Mikrobogensekunden spricht man vom Mikrogravitationslinsen-Effekt.

Im Jahre 1964 griffen Sjur Refsdal, damals an der Universität von Oslo, und Sidney Liebes von der Universität Princeton unabhängig

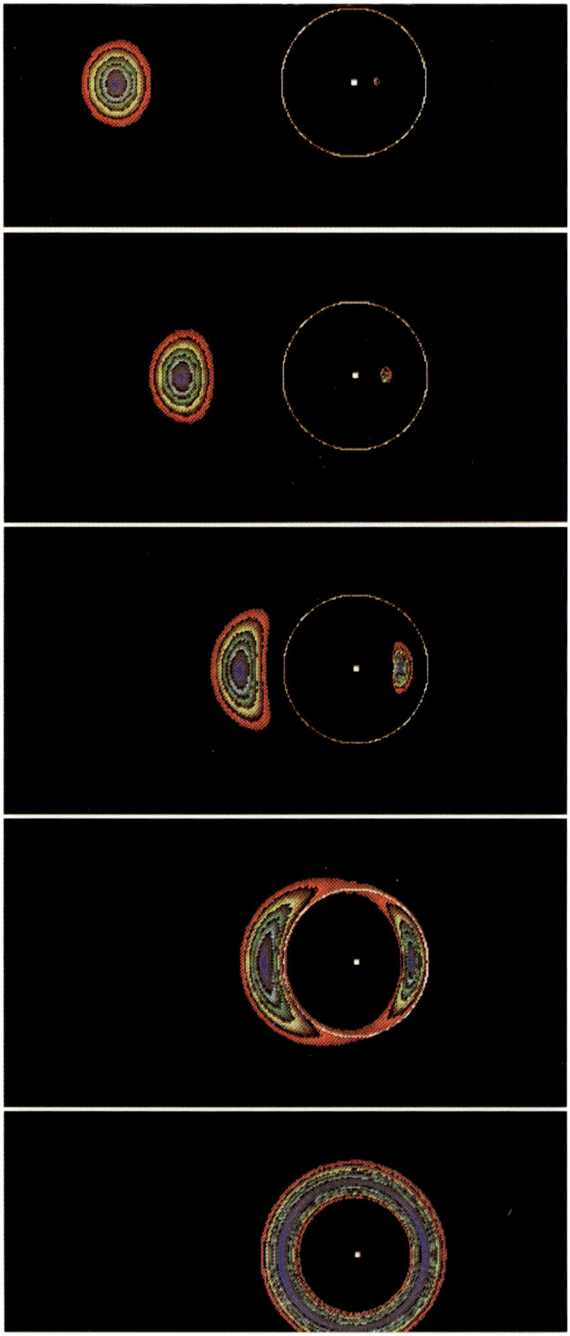

Zieht ein dunkles Objekt vor einem Stern vorbei, so entsteht zunächst ein Doppelbild, schließlich ein Einstein-Ring. Während dieses Vorgangs wird der Hintergrundstern heller. (Graphik: J. Wambsgans, Astrophys. Institut, Potsdam)

voneinander das alte Thema wieder auf. Refsdal hatte die Idee, aus der Intensität der Helligkeitsverstärkung die Masse des Vordergrundsterns zu ermitteln. Beide Astronomen kamen damals zu dem Schluß, daß solche Ereignisse prinzipiell beobachtbar sein müßten. Allerdings verfügte man zu jener Zeit nicht über die technischen Voraussetzungen für die regelmäßige Überwachung einer großen Zahl von Sternen, und darüber hinaus fehlte wohl auch die Motivation, nach diesem merkwürdigen Phänomen Ausschau zu halten, so daß die beiden Arbeiten zunächst sehr schöne, aber folgenlose Akademikerträume blieben.

Dies änderte sich, als Bohdan Paczynski, der gerade vom Nikolaus-Kopernikus-Zentrum für Astronomie in Warschau nach Princeton gewechselt war, im Mai 1986 im *Astrophysical Journal* seine Kollegen gewissermaßen zu einer Suche nach den dunklen Objekten aufrief: „Man vermutet, daß der überwiegende Teil der Halo-Materie nicht aus Sternen besteht, sondern aus einer unbekannten Form von Dunkler Materie, möglicherweise Schwarzen Löchern, Jupitern, Schneebällen oder irgendwelchen Elementarteilchen. Sollte die Dunkle Materie aus massereichen Objekten bestehen, so sollte sie einen Gravitationslinseneffekt hervorrufen ...“. Bemerkbar machen sollte sich ein solches Ereignis, indem die Helligkeit des „gelinsten“ Sterns ansteigt, während die Linse vor ihm vorbeizieht, und danach langsam wieder zum ursprünglichen Wert abfällt.

Ohne auch nur irgendetwas über die vermuteten Halo-Objekte zu wissen, schätzte Paczynski allein auf Grund statistischer Überlegungen ab, wie häufig ein solches Mikrogravitationslinsen-Ereignis auftreten und auf welchen Zeitskalen sich dieses abspielen müßte. Er überlegte sich, daß man eine große Zahl von Sternen in einer der Magellanschen Wolken oder in der Andromeda-Galaxie überwachen müßte. Er bekam heraus, daß zu jedem Zeitpunkt der Beobachtung etwa einer von einer Million Sternen gerade durch ein Linsenereignis seine Helligkeit verändert.

„Wir schließen aus alldem“, schrieb Paczynski, „daß ein Beobachtungsprogramm, in dem die Helligkeiten von einigen Millionen Sternen über einen Zeitraum von 2 Jahren verfolgt werden, interessante Bedingungen an die Massen der Objekte stellen würde, die die Materie im galaktischen Halo ausmachen“. Einige Millionen Sterne beobachten, und das Nacht für Nacht. Ein solches Unterfangen würde sich

Verräterische Lichtkurven

Die Dauer der Lichtverstärkung hängt von der Geschwindigkeit ab, mit der das dunkle Objekt von der Erde aus gesehen vor dem Hintergrundstern vorbeizieht, und von seiner Masse. Je schwerer es ist, desto größer ist sein Einstein-Ring und desto länger dauert das Ereignis. Bei einer angenommenen Geschwindigkeit von 200 km/s, wie sie im Halo typisch sein sollte, würde ein Objekt mit 100 Sonnenmassen ungefähr zwei Jahre lang das Licht verstärken, bei einem Körper mit der Masse der Erde wäre das Ereignis schon nach drei Stunden vorüber. Bei Beobachtung von Sternen in der Großen Magellanschen Wolke müßte die untere Nachweisgrenze bei einer hundertmillionstel Sonnenmasse liegen, entsprechend einem planetenähnlichen Körper mit einem Durchmesser von 2000 Kilometern. Gerade einmal zehn Minuten würde in diesem Fall ein Mikrolinsenereignis dauern.

nur mit einem automatisierten Suchprogramm realisieren lassen. Etwa vier Jahre nach Paczynskis „Aufruf“ war die Technik auf dem hierzu nötigen Stand. Fast gleichzeitig begannen drei Gruppen mit der Suche nach den MACHOs – den **Ma**ssive **C**ompact **H**alo **O**bjects.

EROS, MACHO und OGLE – Die Suche beginnt

Im Dezember 1989 trafen sich zwei Gruppen französischer und amerikanischer Astronomen im kalifornischen Livermore unweit von Berkeley, um die Möglichkeiten eines Suchprogramms zu diskutieren. Danach hatten sie zwei Konzepte, die sie unabhängig voneinander in die Tat umsetzten. Wie die französische Gruppe vom Centre d’Etudes de Saclay in Gif-sur-Yvette bei Paris, die sich den schönen Namen EROS (**E**xpérience de **R**echerche d’**O**bjets **S**ombres) gab, unter der Leitung von Jim Rich vorging, wollen wir uns etwas genauer ansehen.

Für ihre Beobachtungen setzten sie zwei Teleskope der Europäischen Südsternwarte ESO, ein: einen 40-Zentimeter-Reflektor sowie ein Schmidt-Teleskop mit einem 1,60-Meter-Spiegel. Schmidt-Teleskope zeichnen sich durch ein besonders weites Bildfeld aus und eignen sich deswegen insbesondere für Kartierungen großer Himmelsbereiche.

Der kleine Reflektor arbeitete mit einem sogenannten Charge

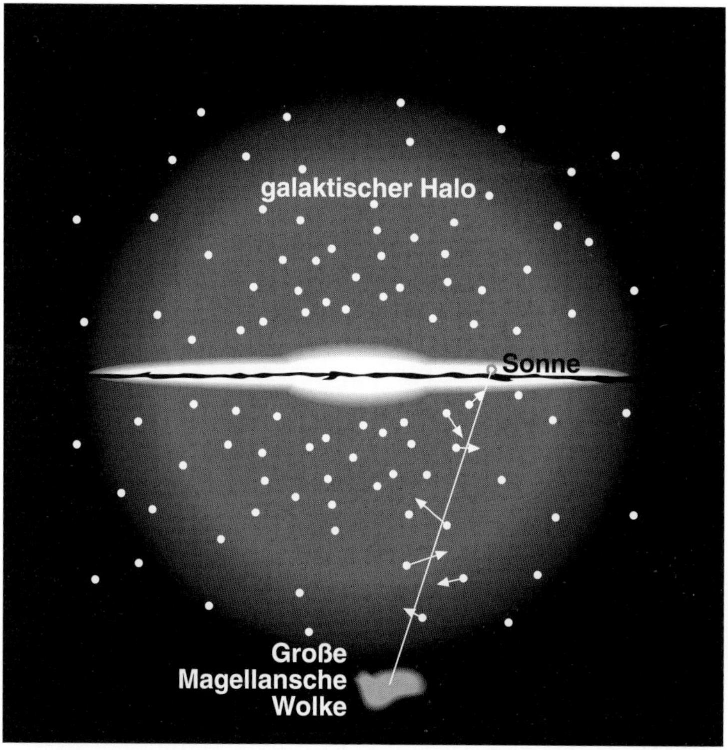

Dunkle Objekte im Halo der Milchstraße, sogenannte MACHOs, sollten das Licht von Sternen in der Großen Magellanschen Wolke verstärken.

Coupled Device (CCD). Dies ist ein lichtelektrischer Detektor, in dem das Licht in elektrische Ladungen umgesetzt wird. Nach der Belichtung wird diese Ladung elektronisch ausgelesen, können die Daten anschließend im Computer zu einem Bild zusammengesetzt werden. Solche CCDs zeichnen sich durch eine hohe Empfindlichkeit aus. Darüber hinaus liegen die Daten sofort in digitaler Form im Computer vor und lassen sich sehr schnell weiterverarbeiten und analysieren. Ihr Nachteil besteht darin, daß sie im Vergleich zu Photoplatten klein sind und also nur einen kleinen Himmelsausschnitt erfassen.

Als Untersuchungsfeld hatten sich die Astronomen eine besonders sternreiche Region in der Magellanschen Wolke, einer 170 000 Lichtjahre entfernten Begleitgalaxie der Milchstraße, ausgewählt. Von diesem Gebiet erstellten sie zunächst eine Referenzaufnahme, die sie

im Computer speicherten. Dann machten sie in jeder klaren Nacht etwa alle 20 Minuten eine Aufnahme. Der Computer registrierte die Helligkeit der hierauf enthaltenen rund 100 000 Sterne und verglich sie mit denen im Referenzbild. Mit dieser CCD-Technik wollten die Astronomen vor allem Mikrolinsenereignisse finden, die sich im Bereich von etwa einer Stunde bis drei Tagen abspielen. Sie sollten von Objekten hervorgerufen werden, deren Massenbereich in dem der Planeten liegt.

Millionen von Sternen in der Großen Magellanschen Wolke wurden von Astronomen überwacht, um den Mikro-Gravitationslinseneffekt nachzuweisen. (Foto: ESO)

Bei der parallel laufenden Suche mit dem Schmidt-Teleskop nahmen die Astronomen pro Jahr etwa hundert Fotoplatten auf und konnten so rund acht Millionen Sterne überwachen. Die Fotoplatten wurden zunächst automatisch mit einem Lichtstrahl abgetastet und in einen Computer eingelesen. Die auf diese Weise digitalisierten Daten konnten nun mit dem Referenzfeld auf dieselbe Weise abgesucht werden wie bei der CCD-Technik. Wegen der geringeren Belichtungsfrequenz der Platten (etwa eine pro Nacht im Vergleich zu 40 pro Nacht mit CCD) zielten die Forscher hiermit auf Ereignisse mit einer Dauer zwischen einem Tag und einem Monat ab. Sie sollten von Objekten im Massenbereich zwischen einer zehntausendstel und einer Sonnenmasse hervorgerufen werden. Damit deckten beide Experimente einen Massenbereich zwischen 10^{-7} und einer Sonnenmasse ab.

In der ersten Phase des Beobachtungsprogramms mußten die Astronomen erst einmal anhand einer Reihe von Kriterien alle Sterne aussondern, die „von Natur aus" veränderlich sind. Hierbei fiel eine lange Liste variabler Sterne an – ein „Abfallprodukt", das für andere Astronomen als Datenmaterial sehr wichtig sein kann.

Für das automatische Aufspüren einer Helligkeitsänderung, die vielleicht durch ein Mikrolinsenereignis hervorgerufen wurde, mußte ein sehr ausgeklügeltes Computerprogramm entwickelt werden, da der Computer unterschiedliche Wetterbedingungen, Meßfehler und anderes berücksichtigen mußte. Im Dezember 1990 war es soweit: Auf dem 2400 Meter hohen Berg La Silla in den chilenischen Anden öffnete sich die Kuppel des kleinen 40-Zentimeter-Teleskops für den ersten Probelauf dieses ungewöhnlichen astronomischen Beobachtungsprojektes. Über zwei Jahre lang sollte die Suche jedoch erfolglos bleiben.

In der Zwischenzeit hatte auch eine amerikanisch-australische

Gruppe um Charles Alcock vom Lawrence Livermore National Laboratory in Livermore ihr Experiment in Gang gebracht. Sie nannten es MACHO, nach den Massive Compact Halo Objects. Ein 1,27-Meter-Teleskop des in der Nähe von Canberra gelegenen Mount-Stromlo-Observatoriums hatten sie mit einem CCD ausgerüstet und begannen dort im Juni 1992 mit ihren regelmäßigen Beobachtungen. In vier ausgewählten Feldern in der Großen Magellanschen Wolke hatten sie insgesamt 1,8 Millionen Sterne im Blickfeld. Daneben standen auch je ein Feld in Richtung zum Zentrum der Milchstraße und in der Kleinen Magellanschen Wolke auf ihrem Beobachtungsplan. Die Analyse erfolgte ganz ähnlich wie bei den französischen Kollegen.

Und eine dritte Gruppe hatte sich gebildet: OGLE, was für **O**ptical **G**ravitational **L**ens **E**xperiment stand. Ihr Gründer war der geistige Vater der Projekte, Bohdan Paczynski. Zusammen mit Mitarbeitern aus Polen und den USA hatte er ein 1-Meter-Teleskop des ebenfalls in den chilenischen Anden gelegenen Las-Campanas-Observatoriums zur Verfügung gestellt bekommen, um nach „seinen" dunklen Objekten Ausschau zu halten. Anders als ihre Kollegen hatten sie sich ein Feld mit 650 000 Sternen in Richtung des galaktischen Zentrums ausgesucht. Ein eventuell eintretendes Mikrolinsenereignis wäre dann nicht von einem Körper im Halo der Milchstraße hervorgerufen, sondern durch einen in der Scheibenebene.

Erste Erfolgsmeldungen

Einige Zeit hörte man von den drei Forscherteams nichts, bis dann am 14. Oktober 1993 zwei Beiträge in der Zeitschrift *Nature* die Astronomengemeinde aufrüttelten: EROS und MACHO gaben gleichzeitig die Entdeckung von zwei beziehungsweise einem Mikrolinsenereignis bekannt. Die Sensation war perfekt, die Suche nach dem „Halo-Gral", wie es ein Astrophysiker nannte, tatsächlich erfolgreich. Die MACHO-Gruppe hatte bei einem Stern einen Helligkeitsanstieg und nachfolgenden Abfall um zwei Größenklassen im Verlauf von 17 Tagen gesehen. Dies entsprach einer Aufhellung etwa um das Sechsfache. EROS registrierte zwei solche Ereignisse, die jeweils 27 und 30 Tage dauerten. Der Helligkeitsanstieg betrug hier 1,0 und 1,2 Größenklassen. Nur wenige Tage später meldete auch die OGLE-Gruppe einen Erfolg an: eine 24 Tage dauernde Helligkeitsvariation mit einem Anstieg um eine Größenklasse.

Bevor man eine beobachtete Helligkeitsänderung tatsächlich

durch die Gravitationswirkung eines dunklen Vordergrundobjekts erklärt und nicht durch die Variation des Sterns selbst, muß das Ereignis drei Bedingungen erfüllen:

- Symmetrie,
- Achromasie und
- Einmaligkeit.

Was bedeutet das? Bei einem Mikrolinsenereignis sagt die Theorie voraus, daß der Helligkeitsanstieg genauso schnell wie der Abfall (Symmetrie) und in allen Wellenlängenbereichen mit gleicher Amplitude erfolgen muß (Achromasie). Außerdem darf sich das Ereignis aus Wahrscheinlichkeitsgründen bei ein und demselben Stern nicht wiederholen. Alle drei Kriterien waren bei den im Oktober gemeldeten Fällen erfüllt. Lediglich das OGLE-Ereignis war nur in einem Wellenlängenbereich beobachtet worden.

Dennoch blieben bei einigen Astronomen Zweifel bestehen. Könnte es sich bei diesen Fällen nicht doch um einen bis dahin unbekannten Typ variabler Sterne handeln? Ende 1994 konnte die MACHO-Gruppe wohl auch die letzten Zweifler überzeugen. Bis dahin hatte die Gruppe stets längere Zeit benötigt, um ihre Daten auszuwerten, so daß sie das Ereignis erst bemerkte, als es bereits vorbei war. Mit einer neuen Technik waren sie aber 1994 in der Lage, ein vermutetes Mikrolinsenereignis sofort zu erkennen.

War damit das Rätsel der Dunklen Materie im Halo der Milchstraße, und damit auch der anderen Spiralgalaxien, gelöst? Diese

Auf frischer Tat ertappt

Am 1. September bahnte sich wieder ein Mikrolinsenereignis an. Sofort alarmierten die Astronomen des MACHO-Teams Kollegen der ESO, die das verdächtige Objekt daraufhin vier Wochen lang Nacht für Nacht spektroskopisch beobachteten. Das Ergebnis war überzeugend: Neben der Intensitätssteigerung um 2,55 Größenklassen blieb das Sternspektrum unverändert. Dies ist ein sicheres Indiz dafür, daß der Stern keinen Intensitätsausbruch hatte. Solche Ereignisse sind stets mit Änderungen in der Temperatur, mit Gasbewegungen und anderen physikalischen Vorgängen auf der Sternoberfläche verbunden, die sich im Sternspektrum bemerkbar machen. Nichts dergleichen in diesem Fall. Als einzige Erklärung blieb ein Mikrogravitationslinsen-Ereignis.

Frage ließ sich zu diesem Zeitpunkt noch nicht beantworten, weil nicht klar war, wieviele Objekte sich insgesamt dort draußen befinden und wieviel Masse sie insgesamt aufweisen. Eindeutig läßt sich dieses Problem noch nicht klären. Hierfür benötigen die Astronomen die

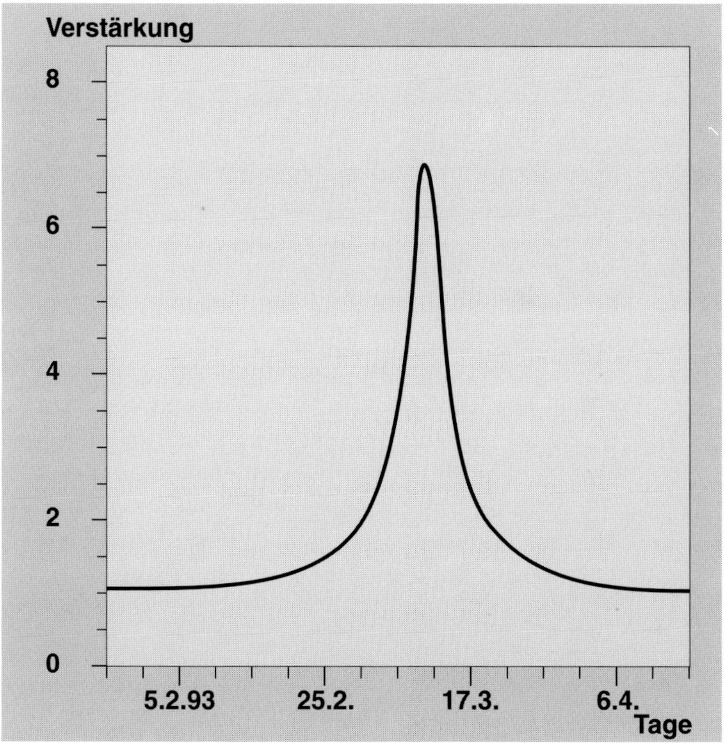

Am 14. Oktober 1993 veröffentlichten Astronomen in der Zeitschrift *Nature* den ersten Nachweis eines MACHOs (gegenüberliegende Seite). Der Stern wurde im Laufe von etwa zwei Wochen um rund zwei Größenklassen heller (links).

Entfernung der Dunklen Objekte und ihre Geschwindigkeit, mit der sie von der Erde aus vor dem Hintergrundstern vorbeigezogen waren. Allerdings lassen sich statistische Aussagen machen.

Acht Ereignisse in zwei Jahren

Nach einer gesamten Beobachtungszeit von zwei Jahren hatte die MACHO-Gruppe 44 000 Aufnahmen und neun Milliarden Lichtkurven analysiert. Ganze acht Ereignisse überstanden alle Auswahlkriterien, um als Mikrogravitationslinsen-Effekt zu gelten. Diese Zahl ist nicht groß und läßt deshalb nur vorläufige Schlüsse über die Natur der Objekte und deren Gesamtmasse zu.

Allein aus der Häufigkeit kann man mit einiger Wahrscheinlichkeit schließen, daß zumindest der Großteil der Halo-Objekte nicht im Massenbereich etwa zwischen 10^{-6} und 0,03 Sonnenmassen liegt. Das heißt, es handelt sich nicht um planetenähnliche Körper. Die Beobachtungen ließen sich am besten damit erklären, daß die dunklen

Objekte in einem Massenbereich zwischen 0,3 und 0,8 Sonnenmassen liegen, wobei diese Zahlen keineswegs der Weisheit letzter Schluß sein müssen. Das ist aber zumindest die Größenordnung, in der man normale Sterne findet. Diese können jedoch nicht den wesentlichen Anteil des Halos ausmachen, da man diese bei früheren Beobachtungen bereits gesehen hätte. Was also schwirrt dann in den Außenbereichen der Milchstraße herum?

Weiße oder Braune Zwerge?

Die Forscher der MACHO-Gruppe favorisieren derzeit Weiße Zwerge, also ausglühende Sterne. Ganz ausschließen lassen sich aber auch sogenannte Braune Zwerge noch nicht. Dies sind theoretisch vorhergesagte Himmelskörper, deren Masse unterhalb von etwa 0,08 Sonnenmassen liegen sollte. Dann reicht ihre Schwerkraft nicht aus, um in ihrem Zentrum Druck und Temperatur so hoch ansteigen zu lassen, daß die Wasserstoff-Kernfusion einsetzt. Ihnen fehlt also die Energiequelle der Sterne. Solche Objekte müßten mit weniger als 1200 Grad verhältnismäßig kühl und, abhängig von ihrer Masse und ihrem Alter, über 100 000-mal lichtschwächer als die Sonne sein.

Diese Objekte blieben lange Zeit unauffindbar. Erst Ende 1995 meldeten zwei Gruppen die Entdeckung von Braunen Zwergen. Der eine befindet sich in dem Sternhaufen Plejaden und hat eine Masse zwischen 20 und 50 Jupitermassen, entsprechend 0,02 bis 0,05 Sonnenmassen. Der andere mutmaßliche Braune Zwerg wurde als Begleiter des 19 Lichtjahre entfernten Sterns Gliese 229 entdeckt. Auch er soll zwischen 20 und 50 Jupitermassen schwer sein.

MACHOs können nicht alles sein

Die Entdeckung der unsichtbaren Körper durch den Mikrogravitationslinsen-Effekt war ein enormer Erfolg. Sie ist ein gutes Beispiel dafür, wie man mit ungewöhnlichen Ideen ungewöhnliche Probleme angehen und lösen kann. Und die Beobachtungen werden fortgesetzt. Während das MACHO-Projekt bis Ende 1999 weiterlaufen wird, ist geplant, die Aktivitäten der EROS- und OGLE-Gruppe mit größeren Teleskopen wieder aufzunehmen.

Die statistische Auswertung der Daten ergab überdies, daß die MACHOs nur etwa die Hälfte derjenigen Materie im Halo der Milchstraße ausmachen, die theoretisch zur Erklärung der Rotationskurve

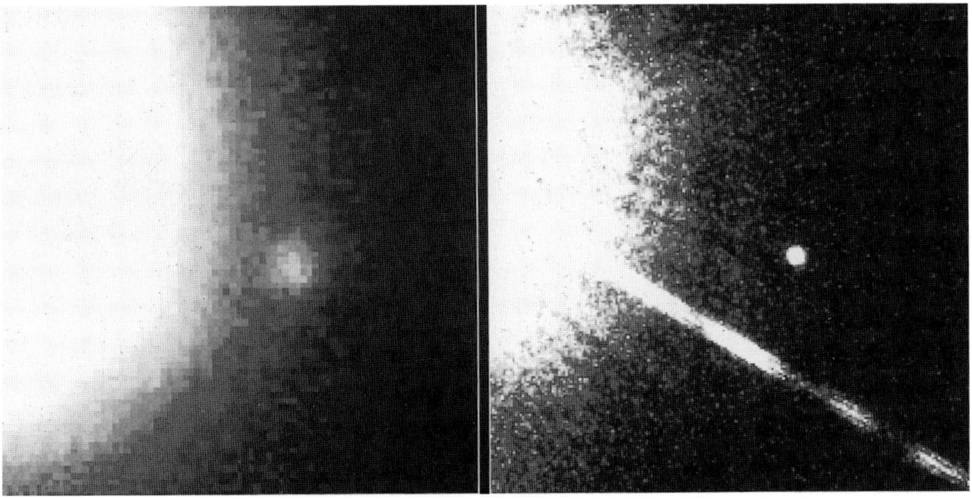

erforderlich wäre. Offenbar gibt es noch eine andere, uns unbekannte Substanz in den Weiten des Universums. Interessanterweise postulieren sowohl Elementarteilchenphysiker als auch Kosmologen die Existenz einer solchen exotischen Materie. Sie darf nicht aus den uns wohlbekannten Atomen, wie Wasserstoff oder Helium, bestehen, weil ansonsten die Berechnungen falsch wären, die die Entstehung der Elemente im Urknall beschreiben.

Einen möglichen Braunen Zwerg fanden Astronomen mit dem Hubble-Weltraumteleskop als Begleiter des Sterns Gliese 229. (Foto: NASA/ESA)

Das inflationäre Universum

„Möglicherweise muß man einen Atomkern als einziges Quant zählen. Sollte sich bei der zukünftigen Entwicklung der Quantenmechanik diese Vorstellung weiter herauskristallisieren, so können wir uns den Beginn des Universums in Form eines einzigen Atoms vorstellen, dessen Atomgewicht der Gesamtmasse des Universums entspricht." Diese Worte stammen von Georges Lemaître, einem belgischen Priester, der als erster die Vorstellung eines expandierenden Universums zu Ende dachte und die Geburt der Welt in einem Urknall postulierte.

Das primordiale Atom des Abbé Lemaître

Die Vorstellung eines expandierenden Universums kam nicht auf einen Schlag, sondern sie entwickelte sich in den zwanziger Jahren. Theoretiker fanden heraus, daß es ein statisches Universum nicht geben kann, und die Beobachter entdeckten, daß die Galaxien weit entfernte Milchstraßen sind, die sich von uns fortbewegen. Theorie und Beobachtung konvergierten immer mehr und führten zu der unausweichlichen Schlußfolgerung, daß sich das Weltall ausdehnt. Ein expandierendes Universum muß in der Vergangenheit kleiner gewesen sein, und die logische Konsequenz muß heißen: Irgendwann war alle Materie in einem Punkt mit unendlich hoher Dichte zusammengedrängt, aus dem die Welt entstanden ist.

Mit dieser damals revolutionären Idee konnten sich viele Kosmologen, darunter auch Hubble, lange Zeit nicht abfinden. Hierfür gab es einen triftigen Grund. Aus der damals gemessenen Expansionsrate, dem Hubble-Parameter, ergab sich ein Weltalter von zwei Milliarden Jahren. Auf der anderen Seite schätzte man das Alter der Sterne auf einige hundert Milliarden Jahre. Daß nun aber die Sterne nicht hundertmal älter sein konnten als das Universum, bedurfte keiner weiteren Diskussion. Ungeachtet dieses Paradoxons beschäftigte sich ein belgischer Mathematiker, Georges Lemaître aus Charleroi, mit diesem Problem.

Lemaître war ein sehr ungewöhnlicher Forscher. 1919 promovierte er an der Universität Louvain in Mathematik, schlug dann jedoch die Laufbahn eines katholischen Geistlichen ein und wurde 1923 Priester. Dennoch beschäftigte er sich weiterhin mit den Naturwissenschaften und veröffentlichte zahlreiche theoretische Arbeiten, insbesondere zur Allgemeinen Relativitätstheorie. Im Rahmen eines akademischen Jahres ging er in die USA, wo er mit den führenden Astronomen, darunter Eddington, zusammentraf. Hier entwarf er bereits 1924 die ersten Gedanken zur Urknalltheorie, die er allerdings nicht veröffentlichte. Drei Jahre später publizierte er seine Gedanken in einem Periodikum seiner Universität, das international keinerlei Beachtung fand.

Erst 1931, nach einer Veröffentlichung in der Zeitschrift *Nature*, wurde seine Idee von einem Urknall einem breiteren Publikum bekannt. Demnach war das Universum aus einem Zustand extremer Dichte, einer Art Superatom geboren. Der belgische Abbé war nun ein häufiger Gast auf den astronomischen Tagungen, wo seine Theorie heiß diskutiert wurde. Das geschilderte Altersparadoxon verhinderte jedoch nach wie vor deren Anerkennung.

Doch gute Ideen setzen sich durch. 1948 veröffentlichten George Gamow von der Universität Washington und die beiden jungen Wissenschaftler Ralph Alpher und Robert Herman von der Johns Hopkins Universität in Silver Spring, Maryland, mehrere Arbeiten, in denen sie sich mit den physikalischen Bedingungen beschäftigten, wie sie unmittelbar nach dem Urknall geherrscht haben müßten.

Sie gingen davon aus, daß das Universum damals sehr heiß gewesen sein muß und sich mit der Expansion abkühlte. Diese Hypothese hatte zwei entscheidende Konsequenzen. Zum einen sollten zwanzig Sekunden nach der Urexplosion in diesem heißen Feuerball alle Elemente entstanden sein, aus denen die heutige Materie besteht. Zum anderen müßte, so ihre Überlegung, damals sehr viel Strahlung frei geworden sein, die noch heute das gesamte Universum durchzieht. Diese Hintergrundstrahlung hätte sich im Laufe der Jahrmilliarden ständig weiter abgekühlt und sollte heute eine Temperatur zwischen 5 und 50 Grad Kelvin besitzen.

Die Entdeckung der kosmischen Hintergrundstrahlung ist eine der überzeugendsten Bestätigungen für das Urknallmodell. Die Nachricht von ihrem Nachweis erreichte den Schöpfer dieser Theorie, Georges Lemaître, ein Jahr vor dessen Tod.

In den fünfziger Jahren löste sich das Altersproblem, als man feststellte, daß man die Hubble-Konstante als viel zu groß und damit das Weltalter als viel zu gering angenommen hatte. Gleichzeitig mußte das Alter der Sterne weit nach unten korrigiert werden, so daß sich die beiden Werte für das Alter der Welt und das der Sterne einander annäherten. Im Jahre 1965 gelang dann Arno Penzias und Robert Wilson von den Bell Telephone Laboratories eine der größten Entdeckungen in der Kosmologie: Durch Zufall hatten sie mit einem Radioteleskop die von Gamow und Kollegen vorhergesagte kosmische Hintergrundstrahlung aufgespürt. Sie besaß eine Temperatur von 3 Kelvin und kam aus allen Richtungen des Universums mit einer erstaunlichen Gleichförmigkeit.

Probleme mit dem Urknall

Heute stellen sich die Astrophysiker die frühe Entwicklung des Universums etwa so vor: Rund eine millionstel Sekunde nach dem Urknall bestand das Universum aus einem 10^{13} Grad heißen Gemisch aus den heute bekannten Grundbausteinen der Materie, den Quarks, Elektronen und Neutrinos sowie deren Antiteilchen. Die Dichte war mit 10^{19} Gramm pro Kubikzentimeter rund zehntausendmal höher als in einem Atomkern, was zur Folge hatte, daß die ebenfalls vorhandene Strahlung sich nicht frei bewegen konnte. Strahlungsteilchen kollidierten ständig mit Materieteilchen und wurden wie Tischtennisbälle hin und her geworfen. Das Universum expandierte weiter und kühlte sich dabei ab. Teilchen-Antiteilchen-Paare vernichteten sich gegenseitig und gingen in Energieblitzen auf, so daß das Universum von der Strahlung dominiert wurde. Im Laufe der weiteren Abkühlung lager-

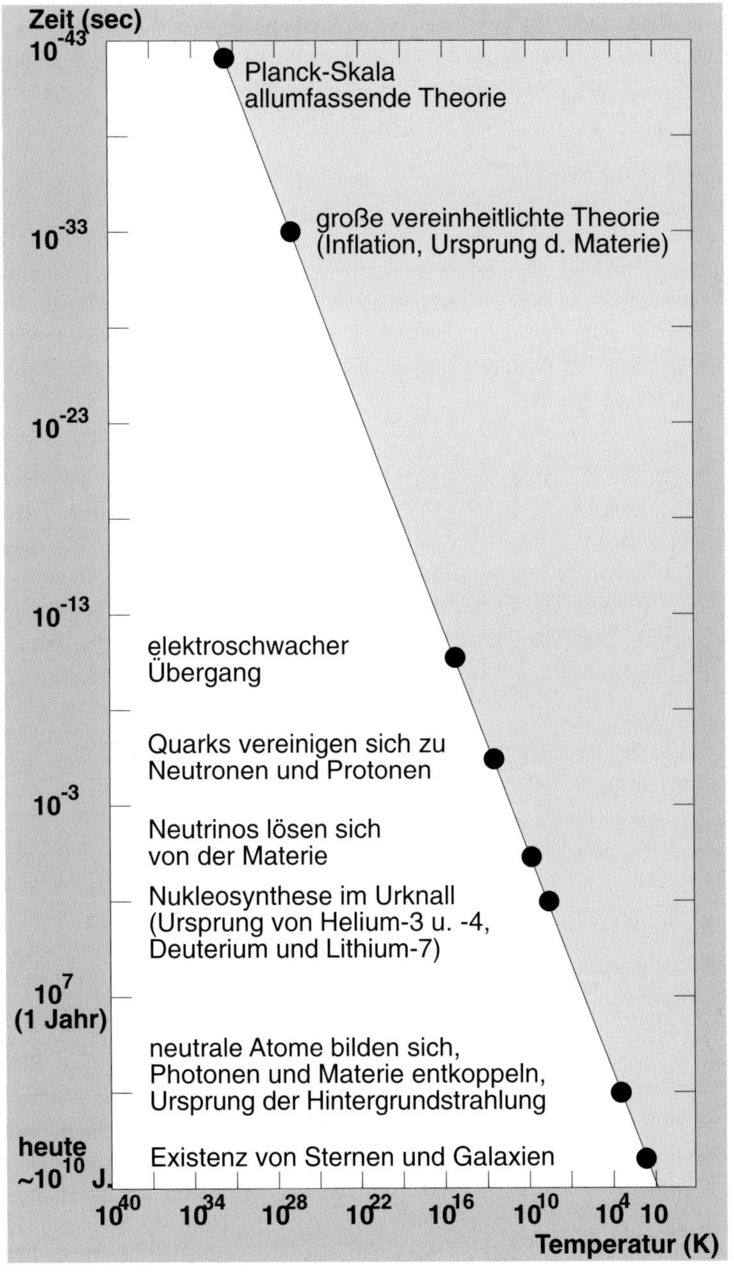

Mit wachsendem Alter und größerer Ausdehnung nahm die Temperatur des Universums ab.

ten sich die verbliebenen Quarks in Dreiergruppen zu Protonen und Neutronen zusammen, die nach wenigen Minuten die ersten leichten Kerne der Elemente Helium und Lithium bildeten. Immer noch aber war die Strahlung in der dichten Materie „gefangen". Erst 300 000 Jahre nach dem Urknall hatte sich der Kosmos bis auf etwa 5000 Grad abgekühlt, so daß die Atomkerne Elektronen einfangen und die Atome bilden konnten, aus denen noch heute die Materie aufgebaut ist.

Das Universum wird durchsichtig

Jetzt wurde das Universum „durchsichtig": Die Teilchendichte war nun so gering geworden, daß sich ein Lichtteilchen nahezu ungehindert bewegen konnte, ohne von einem Atom absorbiert zu werden. Der „Nebel" hatte sich gelichtet, die Strahlung war frei, und sie blieb es bis heute. Genau diese Strahlung entdeckten Penzias und Wilson 1965. Sie ist eine Art Echo des Urknalls, das seit vielen Milliarden Jahren durch das Universum hallt und nun von uns gehört werden kann. Diese Photonen sind die ältesten Zeugen im Universum.

> Als die Strahlung sich von der Materie abkoppelte, hatte sie dieselbe Temperatur wie das Gas, also etwa 5000 Grad. Durch die weitere Expansion kühlte sich auch die Strahlung weiter ab, und zwar exakt bis auf die heute gemessenen 2,726 Kelvin. Dieser Wert kam dem von Gamow und Kollegen vorausgesagten sehr nahe und lieferte den Urknall-Verfechtern ein äußerst schlagkräftiges Argument.

Die Hintergrundstrahlung birgt aber darüber hinaus wertvolle Informationen über den Urstoff, aus dem sie damals entkam. Bis vor kurzem war die wichtigste Information, daß die Strahlung über den gesamten Himmel bis auf ein hundertstel Promille genau dieselbe Temperatur aufweist. Hieraus schließen die Kosmologen, daß auch das Urgas bis auf diesen Faktor überall dieselbe Temperatur besaß: Die Materie war bei einer mittleren Gesamttemperatur von 5000 K bis auf wenige hundertstel Grad genau temperiert. Das führt uns zu einem von drei Rätseln, die den Kosmologen in den siebziger Jahren bewußt wurden, dem Horizontproblem.

Inflation erklärt das Horizontproblem

Zunächst einmal scheint es nicht besonders erstaunlich zu sein, daß ein Gas überall dieselbe Temperatur besitzt. In einem expandierenden Universum, in dem sich alle Objekte ständig voneinander entfernen, sieht die Sache indes etwas anders aus.

Man fand heraus, daß es im Universum Bereiche gab, die zu allen Zeiten so weit voneinander entfernt waren, daß sie nie miteinander in Kontakt gestanden haben können. Ursache hierfür ist das Naturgesetz, daß jede Information, egal welcher Art, maximal mit Lichtgeschwindigkeit übertragen werden kann. Genaue Berechnungen zeigten, daß Gebiete in der kosmischen Hintergrundstrahlung, die heute am Himmel weiter als zwei Grad voneinander entfernt sind, damals kausal nicht miteinander in Verbindung gestanden haben können. (Zwei Grad entsprechen vier Vollmonddurchmessern.) Diese Raumteile haben sich unabhängig voneinander entwickelt, ohne daß die Teilchen in dem einen Bereich von ihren „Kollegen" im anderen Bereich etwas „gewußt" haben. Es konnte also auch kein Temperaturausgleich zwischen diesen Gebieten stattgefunden haben wie in einem Backofen beispielsweise. Es erschien physikalisch zwar nicht unmöglich, daß alle Bereiche dieselbe Temperatur hatten. Es war aber sehr merkwürdig, und man hatte keine Erklärung für dieses Phänomen.

Die Kosmologen nennen dieses Rätsel das Horizontproblem, weil sie Bereiche miteinander vergleichen, die außerhalb der jeweiligen Ereignishorizonte liegen. Der Ereignishorizont um einen Punkt wird dabei durch diejenige Entfernung definiert, die ein Lichtstrahl seit dem Urknall zurückgelegt hat. Von allen Orten, die jenseits dieses Ereignishorizontes liegen, kann ein Beobachter in diesem Punkt keine Kunde haben.

Alan Guth „erfindet" das inflationäre Universum

Im Jahre 1980 trug der Elementarteilchen-Physiker Alan Guth von der Universität Stanford auf dem Texas-Symposium über relativistische Astrophysik eine Idee vor, die, wie er später selbst sagte, wesentlich mehr Anklang fand, als er selbst erwartet hatte. Tatsächlich wurde sie begeistert aufgenommen und ist heute fast schon ein fester Bestandteil des Standardmodells vom Urknall: die Hypothese vom inflationären Universum. Sie löste das Horizontproblem auf eine äußerst verblüffende Weise.

Rechte Seite: Als sich das Universum „inflationär“ aufblähte, wurden Raumgebiete voneinander getrennt, die vorher kausal zusammenhingen. Als Folge können wir heute nur einen Bruchteil des Universums beobachten.

Erinnern wir uns noch einmal: In der kosmischen Hintergrundstrahlung sehen wir das Urgas, wie es etwa 300 000 Jahre nach dem Urknall vorlag. Wenn die Kosmologen berechnen, daß Gebiete, die am Himmel weiter als zwei Grad voneinander entfernt sind, nie miteinander in kausalem Kontakt gestanden haben können, so gehen sie davon aus, daß sich das Universum seit dem Urknall etwa gleichmäßig ausgedehnt hat.

Alan Guth schlug nun vor, daß sich der Raum in einer sehr frühen Phase, beginnend 10^{-35} Sekunden nach dem Urknall, nicht gleichförmig, sondern explosionsartig aufblähte. Alle 10^{-35} Sekunden verdoppelte sich sein Durchmesser. Nach diesem Modell dauerte diese inflationäre Phase (nach dem englischen to inflate, aufblasen) mindestens 10^{-32} Sekunden. Innerhalb dieser winzigen Zeitspanne wuchs der Durchmesser von etwa 10^{-50} Zentimeter (das ist um nahezu vierzig Größenordnungen kleiner als ein Atomkern) bis auf einen Zentimeter, also um das 10^{50}-fache an. Erst danach erfolgte die Expansion wieder langsam und gleichförmig und etwa mit der Rate, die wir heute beobachten.

Dieses Modell löst das Horizontproblem auf folgende Weise: Vor der inflationären Phase war das Universum so klein, waren alle Bereiche so nah beieinander, daß sie miteinander kausalen Kontakt hatten. So konnten sie alle dieselbe Temperatur annehmen. Die Inflation trieb nun das Universum überlichtschnell auseinander, so daß anschließend viele Bereiche nicht mehr kausal zusammenhingen: Ihre Ereignishorizonte waren langsamer gewachsen als ihre gegenseitige Entfernung. Und da das Universum weiter expandierte, blieben diese Gebiete kausal getrennt. Damit hätten jene Bereiche, die wir in der kosmischen Hintergrundstrahlung heute als kausal unabhängig voneinander sehen, vor der Inflation Kontakt miteinander gehabt. Die Expansion mit Überlichtgeschwindigkeit widerspricht nicht der Relativitätstheorie. Diese verbietet es lediglich, daß sich ein Objekt oder eine Information im Raum schneller als das Licht fortpflanzen kann. Sie verbietet aber nicht die überlichtschnelle Ausdehnung des Raumes selbst.

Wie Guth vor einigen Jahren in einem Interview erklärte, war es allerdings nicht das Horizontproblem, das ihn auf seine verblüffende

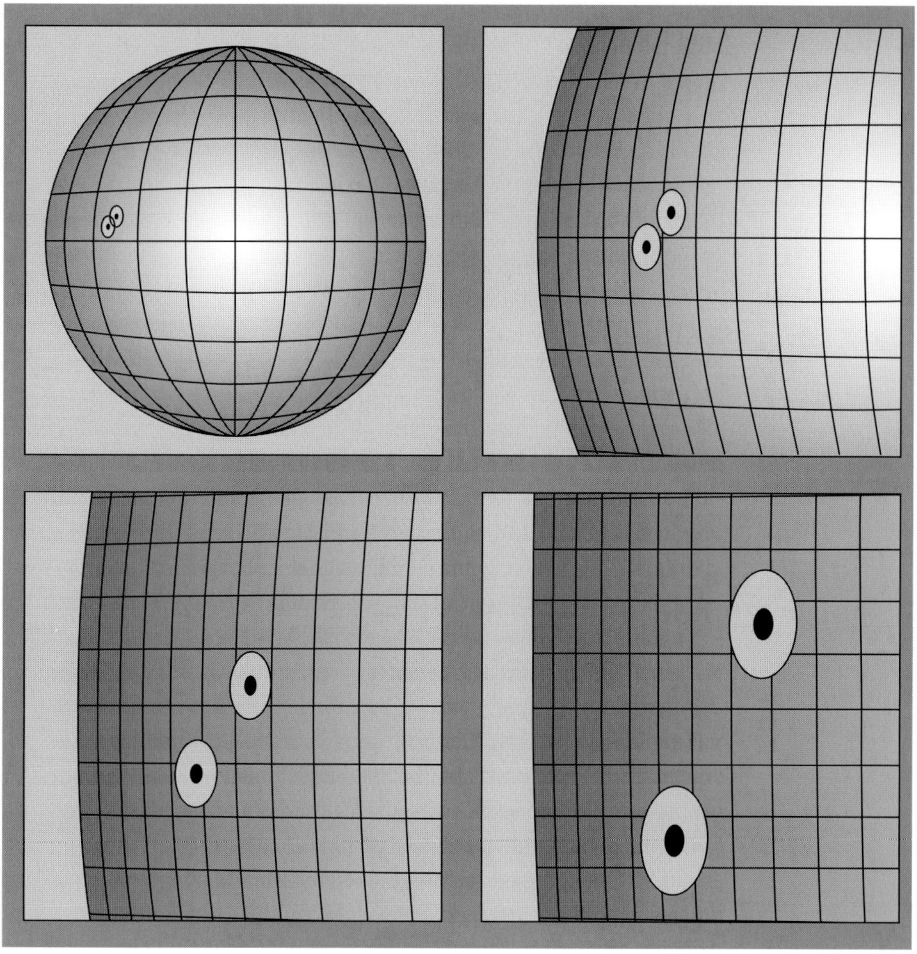

Idee brachte, sondern das sogenannte Flachheitsproblem. Hierauf wurde er 1978 bei einem Vortrag von Robert Dicke von der Princeton Universität aufmerksam. Um dieses Rätsel zu verstehen, müssen wir uns in die verschiedenen, theoretisch möglichen Weltmodelle vertiefen, die sich aus der Allgemeinen Relativitätstheorie ergeben.

Inflation erklärt das Flachheitsproblem

Eine grundlegende Frage in der Kosmologie betrifft die Entwicklung des Universums. Bereits 1917 untersuchte der niederländische Astronom Willem de Sitter das Modell eines völlig leeren Universums (also ohne Materie und Strahlung). Es ist zwar unrealistisch, hat aber in der Geschichte der Kosmologie eine wesentliche Rolle gespielt. Es war praktisch das Pendant zu Einsteins erstem Modell aus demselben Jahr, der ein völlig gleichmäßig mit Materie angefülltes Universum betrachtetet. Verteilte man nun in de Sitters leerer Welt theoretisch einige Teilchen, so entfernten sich diese mit der Zeit voneinander. Dieses Phänomen, das damals unter dem Begriff De-Sitter-Effekt bekannt war, wurde später mit den Rotverschiebungsmessungen an Galaxien in Verbindung gebracht; tatsächlich ist der Effekt ein Hinweis auf den allgemeinen Fall, daß es keine statischen Universen geben kann.

Das de-Sitter-Modell vom leeren Universum

Doch wir wollen uns nun mit dem realistischen Universum befassen, das bekanntlich Materie und Strahlung enthält. Dessen zukünftige Entwicklung hängt davon ab, wieviel Materie es gibt, oder genauer gesagt, wie groß die Dichte ist. Grundsätzlich bremst die Schwerkraft der Materie die Expansion. Man kann sich dies an folgendem Beispiel veranschaulichen.

Denken wir uns die Expansion des Raumes als Bewegungs- oder kinetische Energie einer Rakete und die Schwerkraft als potentielle Energie. Nehmen wir an, die Rakete startet von der Erde mit einer Geschwindigkeit von 12 Kilometern pro Sekunde. Dann ist ihre Bewegungsenergie groß genug, um gegen die potentielle Energie der Erde in den Weltraum zu entweichen. Sie wird sich immer weiter von ihr entfernen. Würde die Rakete mit derselben Geschwindigkeit vom Jupiter aus starten, könnte sie den Planeten wegen seiner stärkeren Schwerkraft nicht verlassen, sondern müßte nach einem Parabelflug wieder auf dessen Oberfläche zurückstürzen. Es gibt also eine kritische Masse. Ist der Planet leichter als diese, so fliegt die Rakete davon, ist er schwerer, zieht er das Geschoß zurück.

Der Fall Ω

Ähnlich ist es mit der zukünftigen Entwicklung des Universums. Sie hängt von einer sogenannten kritischen Dichte ab. Ist die mittlere Dichte im Universum größer als die kritische Dichte, so wird die Expansion in ferner Zukunft zum Stillstand kommen und sich umkehren. Dann wird es sich zusammenziehen und in einem ungeheuren Feuerball enden. Ist die mittlere Dichte geringer als die kritische, so wird das Universum bis in alle Ewigkeit weiter expandieren. Auch in dem Fall, daß die Dichte genau gleich der kritischen Dichte ist, wächst das Weltall unendlich lange weiter und nähert sich asymptotisch einem Maximalwert an.

Die Krümmung des Universums, seine „Geometrie", hängt also von dem Wert für Ω ab. Wir können uns die Geometrie dieser möglichen Räume, also ihre gekrümmte Form, wieder an den Gummituch-Universen veranschaulichen. Hierbei geht man davon aus, daß die Materie, gemittelt über sehr große Bereiche, gleichmäßig im Weltall verteilt ist. Außerdem soll das Universum von jedem Punkt aus qualitativ gleich aussehen, es soll keinen ausgezeichneten Punkt geben. Das Universum kann deshalb beispielsweise nicht die Form einer Pyramide besitzen, weil hier die Spitzen gegenüber allen Punkten auf den Seitenflächen in einer gewissen Weise ausgezeichnet sind.

Ist das Universum gleichmäßig mit Materie erfüllt, ist die Raumkrümmung überall dieselbe. Ein nahezu leeres Universum (Ω viel kleiner als 1) hätte etwa die Form einer unendlich ausgedehnten Satteloberfläche, die mathematisch gesehen tatsächlich überall dieselbe Krümmung besitzt, auch wenn es nicht den Anschein hat. Diese unendlich ausgedehnte Fläche dehnt sich zukünftig bis in alle Zeiten

Auf Eins normiert

Kosmologen mögen es gern einfach. Um nicht ständig von der mittleren und der kritischen Dichte sprechen zu müssen, haben sie eine neue Größe definiert: Omega, kurz Ω. Es ist das Verhältnis aus der kritischen Dichte (ρ_c) zur mittleren Dichte (ρ): Ω gleich (ρ_c/ρ). In dieser Sprechweise liest sich die obige Überlegung so: Ist Ω größer als 1, kehrt sich die Expansion in Zukunft um, ist Ω kleiner oder gleich 1, dehnt sich der Raum ewig aus. Dieses Ω ist neben der Hubble-Konstante H in der modernen Kosmologie die Größe, um die sich alles dreht.

Ob die Welt in sich geschlossen oder offen ist, hängt von der mittleren Dichte im Universum ab.

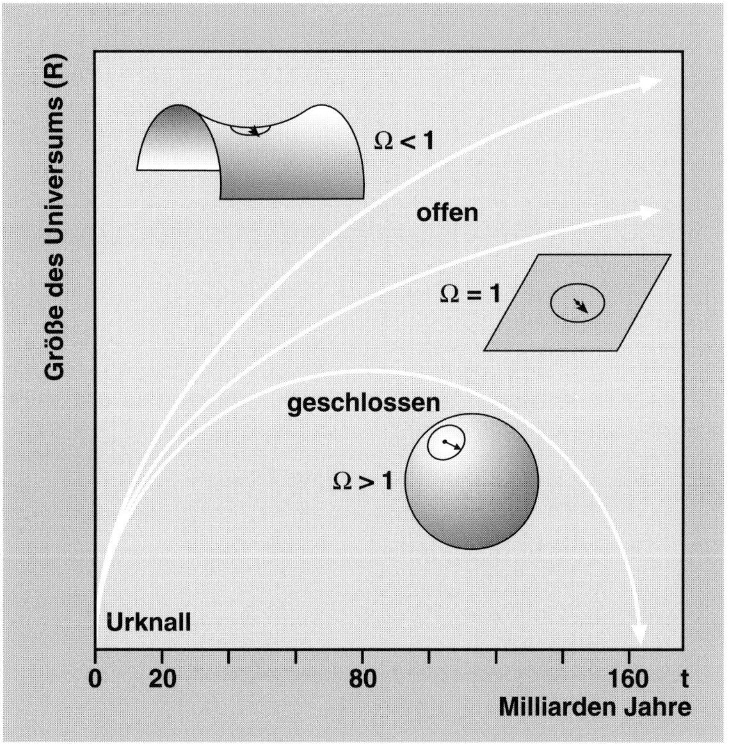

aus. Die Expansion einer unendlich ausgedehnten Fläche veranschaulichen wir damit, daß wir sagen: alle Punkte auf dieser Fläche entfernen sich stetig voneinander. Das ist genau die Hubble-Flucht der Galaxien.

Das euklidische Universum

Ist die mittlere Dichte im Universum gerade gleich der kritischen Dichte (Ω gleich 1), so ist das Universum euklidisch. Die Bezeichnung geht darauf zurück, daß in einem solchen Raum die euklidische Schulgeometrie gilt. In den beiden anderen Geometrien ist dies nicht der Fall. Die euklidische Fläche ist eben und unendlich ausgedehnt. Heute wird diese Geometrie sehr häufig als flach bezeichnet. Auch dieses Universum wird ewig expandieren.

Im Falle Ω größer als 1 ist das Universum in sich geschlossen. Man kann es sich als Oberfläche eines Luftballons vorstellen, der aufgeblasen wird. In dieser sphärischen Welt wird die Expansion in Zukunft zum Stillstand kommen und sich in einen Kollaps umkehren. Bis heute läßt sich nicht entscheiden, wie groß Ω ist. Die bisherigen Beobachtungen schränken ihren Wert zwischen 0,01 und etwa 1 ein.

Diese möglichen Universen waren im Prinzip seit Beginn der zwanziger Jahre bekannt. Ende der siebziger Jahre beschäftigten sich einige Kosmologen intensiver mit diesen Weltmodellen und stießen dabei auf das sogenannte Flachheitsproblem.

Die beste aller Welten

Im Jahre 1979 fanden verschiedene Veranstaltungen zu Einsteins hundertstem Geburtstag statt. In Cambridge trafen sich namhafte Kosmologen, um über die Entwicklung der Allgemeinen Relativitätstheorie zu diskutieren. Ein Beitrag mit dem Titel „The big bang cosmology – enigmas and nostrums“ (zu deutsch etwa „Die Urknallkosmologie – Rätsel und Heilmittel“) sorgte hierbei für einige Aufregung. Robert Dicke und James Peebles von der Universität Princeton beschrieben darin ein überraschendes Phänomen, das die Bedeutung der Materiedichte im Universum für dessen Gesamtentwicklung eindrucksvoll offenbarte.

Verfolgt man anhand der Einsteinschen Gleichungen die Expansion von Universen mit verschiedenen Werten von Ω, so stellt sich Folgendes heraus: War Ω kurz nach dem Urknall wesentlich kleiner als 1, so hätte sich der Raum so schnell aufgebläht, daß sich darin nie die Atome zu Molekülen, Staubteilchen und letztendlich den Galaxien und Galaxienhaufen hätten zusammenlagern können. Es wären wahrscheinlich nicht einmal Atome entstanden, weil sich die Materie explosionsartig im Raum verteilt hätte. Der heutige Wert von Ω wäre um viele Größenordnungen kleiner als der aus den Beobachtungen abgeleitete Minimalwert.

War der Anfangswert von Ω aber größer als 1, so wäre die Expansion bereits nach kurzer Zeit zum Stillstand gekommen, und der Raum hätte sich schon längst wieder zusammengezogen. War im Urknall Ω gleich 1, so hätte sich dieser Wert bis heute nicht geändert.

In unserem Bild von der Rakete, die den Planeten verlassen will, stellt sich diese Situation so dar. Im ersten Fall (Ω viel kleiner als 1) ist ihre Geschwindigkeit so groß, daß sie sich mühelos aus dem Schwerefeld entfernen kann. Oder anders gesagt, das Schwerefeld ist so gering, daß der Schub der Rakete unverhältnismäßig hoch ist. Es wäre etwa so, als würde man die volle Leistung einer Mondrakete einsetzen, um von einem Asteroiden mit einem Durchmesser von zehn Metern zu starten. Im zweiten Fall (Ω größer als 1) wäre das Schwerefeld viel zu stark. Die Verhältnisse ähneln dem absurden Versuch, eine Silvesterrakete von der Erde aus zum Mond zu schießen.

Aufeinander abgestimmt

Offenbar waren im Urknall Schwerkraft und Expansionsrate extrem genau aufeinander abgestimmt, damit sich das Universum so entwickeln konnte, wie wir es heute vorfinden. Wäre eine Sekunde nach dem Urknall die potentielle Energie (der Schwerkraft) nur um ein Millionstel größer gewesen als die kinetische Energie (der Expansion), so wäre die Expansion des Universums bereits nach 30 000 Jahren zum Stillstand gekommen. Peebles und Dicke errechneten, daß das Universum eine Sekunde nach dem Urknall bis auf den unvorstellbar kleinen Wert von 10^{-15} genau die richtige Expansionsrate gehabt haben muß. Das bedeutet, daß auch Ω bis auf 10^{-15} genau bei dem Wert 1 gelegen haben muß. Da das Universum mit Ω gleich 1 flach ist, firmiert dieses Phänomen unter dem Stichwort Flachheitsproblem.

Wie konnte das geschehen sein? Hatte vielleicht Gottfried Wilhelm Leibnitz Recht, als er 1714 in einem philosophischen Essay über „die Vernunftprinzipien der Natur“ schrieb: „Aus der höchsten Vollkommenheit Gottes folgt, daß er bei der Hervorbringung des Universums den bestmöglichen Plan gewählt hat, gemäß dem sich die größte Mannigfaltigkeit mit der größten Ordnung vereinigt“? Der Physiker Alan Guth hatte 1980 eine andere Erklärung dafür, daß wir in der „besten aller Welten“ leben: die Inflation.

Inflation – der Finger Gottes?

Im Rahmen der Theorie des inflationären Universums erfährt das Flachheitsproblem eine sehr elegante Lösung. Hiernach stob rund 10^{-35} Sekunden nach dem Urknall der Raum explosionsartig auseinander und vergrößerte sich innerhalb von mindestens 10^{-32} Sekunden um 50 Zehnerpotenzen.

Man stelle sich die Welt vor der Inflation beispielsweise als winzige Kugel vor, auf der wir uns irgendeinen beliebigen Punkt herausgreifen. Nun bläht sich der Raum plötzlich exponentiell auf, was zur

Folge hat, daß der Ereignishorizont um diesen Punkt langsamer anwächst als sich die Welt ausdehnt. Der Ereignishorizont grenzt genau das Gebiet um den Punkt ab, aus dem ein gedachter Beobachter in dem Punkt Informationen erhalten kann, die sich höchstens mit Lichtgeschwindigkeit bewegen. Das heißt am Ende dieser inflationären Epoche ist dieses ihm zugängliche Gebiet nur noch ein kleiner Teil des Universums. Alle Punkte außerhalb des Ereignishorizontes sind so weit entfernt, daß von ihnen ausgehendes Licht noch nicht genug Zeit hatte, um bis zu ihm zu gelangen.

Nach der inflationären Phase verlief die Expansion im wesentlichen mit der heutigen Rate weiter. Es blieb aber bis heute dabei, daß wir grundsätzlich nur einen winzigen Ausschnitt der Welt beobachten können. Der große Rest liegt hinter unserem Ereignishorizont.

Ist Guths Idee richtig, so ist unser erkennbares Universum heute also nur ein winziger Bereich auf dieser riesigen Kugel, deren Krümmung wir kaum mehr wahrnehmen können. Es erscheint uns flach, und das bedeutet, daß wir für Ω fast genau den Wert 1 messen, eben den eines flachen Universums. Die Situation ist vergleichbar mit derjenigen eines Landvermessers, der auf einer Fläche von 100 Quadratmetern die Krümmung der Erdkugel bestimmen soll. Auch er wird feststellen, daß die Erde im Rahmen seiner Meßgenauigkeit eben ist.

Peebles und Dicke behaupteten, Ω hätte bereits kurz nach dem Urknall fast genau den Wert 1 haben müssen, damit die Welt sich zu dem entwickeln konnte, was sie heute ist. Alan Guth sagt: Vor der inflationären Expansion hat der Raum irgendeine Krümmung gehabt, über die wir nichts wissen. (Die gedachte Kugel ist übrigens nur *eine* mögliche Raumform, an der sich das obige Gedankenexperiment besonders anschaulich durchführen läßt.) Das uns zugängliche Universum hatte seinen zeitlichen Beginn erst nach der inflationären Phase, und da war Ω fast genau gleich 1, weil die Welt sich so gigantisch aufgeblasen hatte. Die Inflation hat die Welt flach gemacht. Der magische Wert Ω gleich 1 ist demnach nicht Ausdruck der „höchsten Vollkommenheit Gottes", sondern Folge eines natürlichen Vorganges, den wir inflationäre Expansion nennen.

Bevor wir uns im übernächsten Kapitel der Frage zuwenden, welcher physikalische Prozeß diese Explosion ausgelöst hat, beleuchten wir zunächst die entscheidende Aussage des inflationären Szenarios, mit der die gesamte Theorie steht und fällt: Ω ist fast genau 1. Die Astrophysiker können also prinzipiell diese Vorhersage überprüfen. Wie steht es damit?

Inflation erzwingt Dunkle Materie

Wenn es nur die sichtbare, leuchtende Materie gäbe, wäre das Universum fast leer. Die Astrophysiker stimmen heute darin überein, daß die gesamte Materie, die in den Sternen und den Gas- und Staubwolken enthalten ist, etwa ein halbes Prozent der kritischen Dichte ausmacht, also Ω gleich 0,005. Das ist ganz offensichtlich nicht mit dem inflationären Szenario vereinbar.

In den beiden Kapiteln über Spiralgalaxien und Galaxienhaufen haben wir aber bereits gesehen, daß es einen großen Anteil an unsichtbarer Materie gibt. Bei den Spiralen schätzt man, daß sechs- bis zehnmal mehr Masse in einem dunklen Halo steckt als in der leuchtenden Scheibe. Das ergäbe dann höchstens Ω gleich 0,05. Noch mehr Dunkle Materie leiten Astronomen aus der Beobachtung von Galaxienhaufen ab. Die Schätzungen sind noch unsicher, aber wenn die Galaxien wirklich nur wenige Prozent an der Gesamtmasse eines Haufens ausmachen, liegt der Wert für Ω tatsächlich nahe bei 1.

Dieses Forschungsgebiet ist noch jung, und jeden Monat werden neue Ergebnisse veröffentlicht. Man kann nicht erwarten, daß die Natur ihren Ω-Wert, der über das Schicksal des Universums entscheidet, so leicht preisgibt. Der amerikanische Physiker und Publizist James Trefil hat einmal den Kosmologen Stephen Hawking zitiert. Als dem ein Kollege erzählte, die Dunkle Materie sei endgültig gefunden worden, antwortete er: „Vor zwanzig Jahren hattet ihr zwei Prozent. Heute habt ihr dreißig Prozent. Geht lieber raus und schaut noch mal nach!“

Geradezu provozierend ist die Voraussage, daß Ω gleich 1 sein muß. Von Seiten der Astrophysiker, die die Entstehung der Elemente im Urknall berechnet haben, gibt es nämlich hiergegen einen überzeugenden Einwand. Nach ihren Rechnungen darf Ω nicht größer als 0,15 sein. Bedeutet dies das Aus für das inflationäre Szenario?

Die Ursuppe der Elemente

„Die relativen Häufigkeiten der verschiedenen chemischen Elemente wurden durch die physikalischen Bedingungen festgelegt, wie sie im Universum in den frühen Stadien der Expansion existierten, als Temperatur und Dichte hoch genug waren, um merkliche Reaktionsraten sowohl für die leichten als auch für die schweren Kerne zu ermöglichen." Mit diesen Worten begann der aus der Sowjetunion in die USA emigrierte Physiker George Gamow 1946 die erste einer Reihe von Arbeiten, in der er sich mit der Entstehung der chemischen Elemente in einem heißen Urknall beschäftigte. Seine Theorie ist heute, ein halbes Jahrhundert danach, eine der wesentlichen Stützen für die Urknalltheorie.

Wie alles begann

Wie die Elemente in die Welt gekommen waren, hatten sich schon andere Forscher zuvor gefragt. Insbesondere Carl Friedrich von Weizsäcker war dieser Frage Ende der dreißiger Jahre nachgegangen.

Von Weizsäckers Urstern

Am Max-Planck-Institut für Physik in Berlin-Dahlem beschäftigte er sich damals mit der „Elementumwandlung im Innern der Sterne". Es ging also um Kernreaktionen, die in einem Gas bei sehr hohen Temperaturen und Drücken ablaufen. Die Grundidee bestand darin, daß bei steigendem Druck und wachsender Temperatur immer schwerere Elemente aufgebaut werden sollten. Dies sollte so vor sich gehen, daß bereits vorhandene Atomkerne immer mehr Neutronen, die in der Umgebung frei herumschwirren, aufnehmen und dadurch anwachsen. Von Weizsäcker schätzte ab, daß die Elementsynthese im Temperaturbereich zwischen fünf Milliarden und 20 Billionen Grad abgelaufen sein sollte.

„Soweit wir den heutigen Zustand des Kosmos kennen, enthält er keine Bereiche der geforderten Temperatur", schrieb er 1938 in der *Physikalischen Zeitschrift*. Vielmehr vermutete er, daß es in einem frühen Zeitraum im Universum eine ursprüngliche „Zusammenballung der Materie" gegeben haben könnte, einen gigantischen Urstern sozusagen, in dessen Innern die Elemente erbrütet und dann in einer Explosion ans Weltall abgegeben wurden. In diesem expandierenden Gas entstanden später Sterne und Galaxien, deren Fluchtgeschwindigkeit man heute noch sieht.

Mit dieser Vorstellung kam von Weizsäcker dem späteren Urknallmodell schon nahe, aber in einigen wesentlichen Punkten war sie falsch. Zum einen sah er diesen Urknall nicht als Geburt von Raum und Zeit selbst an, sondern als eine Explosion in einem bereits vorhandenen Raum-Zeit-Gefüge.

Zum anderen ging er davon aus, daß sich die physikalischen Bedingungen im Innern dieses Ursterns über einen längeren Zeitraum hinweg nicht veränderten, so daß die „Elemente in einem thermodynamischen Gleichgewicht der Kernreaktionen entstanden". Ist in einem Gas ein solches Gleichgewicht vorhanden, so werden laufend Elemente gebildet und zerstört, aber ihre relative Häufigkeit bleibt stets dieselbe. Diese hängt dann lediglich von Druck und Temperatur ab.

Die Alpha-Beta-Gamma-Arbeit

Es war Gamows Verdienst, daß er genau diese Vorstellung überwand. Er betrachtete die physikalischen Gegebenheiten, wie sie in einem heißen Universum gewesen sein müssen, das sich ausdehnte und dabei abkühlte, so wie sich jedes expandierende Gas abkühlt. Auch Gamow fand heraus, daß die Elemente bei Temperaturen von einigen Milliarden Grad gebildet worden sein müssen, der zur Verfügung stehende Zeitraum aber sehr klein gewesen sein mußte – zu klein, als daß sich das von von Weizsäcker beschriebene thermodynamische Gleichgewicht hätte einstellen können.

So schätzte Gamow beispielsweise folgendes ab: Als die Dichte im Universum eine Tonne pro Kubikzentimeter betrug, fiel sie wegen der hohen Expansionsrate innerhalb von einer Sekunde um das Zehnfache ab. An ein Gleichgewicht war also nicht zu denken, ein stabiler physikalischer Zustand, wie ihn von Weizsäcker im Innern seines Supersterns annahm, konnte sich gar nicht einstellen. Es war so, wie es der griechische Philosoph Heraklit um 500 vor Christus formulierte: „Alles ist in Bewegung und nichts bleibt".

Kein Aprilscherz

Daß diese Forscher damals neben ihrer tiefgründigen Arbeit durchaus Sinn für Humor hatten, zeigt folgende Anekdote. Für die bahnbrechende Arbeit mit dem Titel „The Origin of Chemical Elements", die am 1. April 1946 in der amerikanischen Zeitschrift *Physical Review* erschien, zeichneten drei Autoren verantwortlich: Alpher, Bethe und Gamow. Tatsächlich war Hans Bethe an diesen Arbeiten gar nicht wesentlich beteiligt. Gamow nahm ihn damals nur deswegen mit auf, damit er die Veröffentlichung kurz Alpha-Beta-Gamma-Arbeit nennen konnte; dies geschah in Anspielung auf die ersten drei Buchstaben des griechischen Alphabets. Gamow hatte indes keinen schlechten Namen gewählt: Hans Bethe erhielt 1967 den Physik-Nobelpreis für seine Untersuchungen zur Energieerzeugung im Innern von Sternen.

Die Geburt der Elemente

Gamow und seine Kollegen Ralph Alpher und Robert Herman berechneten, daß der Aufbauprozeß der Elemente etwa 20 Sekunden nach dem Urknall begonnen haben muß, als die Dichte im Universum rund eine Tonne pro Kubikzentimeter betrug. Vorher war die Temperatur noch so hoch, daß ein Teilchenpaar (Neutronen oder Protonen), das sich zufällig zusammengefunden hatte, sofort wieder durch den Beschuß der anderen energiereichen Teilchen voneinander getrennt wurde. Nach 15 Minuten bis drei Stunden sollte der Vorgang beendet und damit der gesamte Grundstoff für das Universum fertig synthetisiert gewesen sein, und alle Elemente des Universums hätten sich in dieser kurzen Zeitspanne gebildet.

In großen Beschleunigern werden Teilchen mit fast Lichtgeschwindigkeit aufeinandergeschossen. In der heißen Kollisionszone herrschen kurzzeitig Bedingungen, wie sie unmittelbar nach dem Urknall vorlagen. (Foto: GSI Darmstadt)

Die ersten Minuten

Heute ist die Gamowsche Vorstellung der Elementsynthese im heißen Feuerball des Urknalls im wesentlichen bestätigt. Darüber hinaus sind die Astronomen in der Lage, aus den beobachteten Elementhäufigkeiten die Bedingungen zu ermitteln, wie sie vor Jahrmilliarden in den ersten Sekunden im Universum vorlagen. Ein wesentlicher Fortschritt besteht darin, daß die Forscher die physikalischen Bedingungen in Laboratorien nachvollziehen können. Die enorm hohen Dichten und Temperaturen erzielt man nämlich, wenn man in großen Beschleunigern Teilchen aufeinanderschießt und in Bruchteilen von Sekunden die Kernmaterie komprimiert.

Beschleunigerexperimente liefern also die physikalischen Gesetze, anhand derer nun die Physiker verhältnismäßig zuverlässig alle Vorgänge rekonstruieren, die sich im ganz jungen Universum abspielten. Über die Zeit davor können die Theoretiker noch keine verläßlichen Aussagen machen, wohl aber gibt es eine Reihe von Spekulationen. Nach heutigen Erkenntnissen hat das frühe Universum nach der ersten millionstel Sekunde folgende Phasen durchlaufen:

Mit den größten Beschleunigern lassen sich heute kurzzeitig Zustände erzeugen, wie sie etwa eine zehnmilliardstel Sekunde nach dem Urknall herrschten, als Materie und Strahlung noch ein dichtes Gemisch bilden

Alter: weniger als eine millionstel Sekunde. Die Temperatur beträgt mehr als 10^{13} Grad, die Dichte mehr als 10^{16} Gramm pro Kubikzentimeter (entsprechend zehn Billionen Tonnen pro Kubikzentimeter). In dieser frühen Phase ist die Strahlungsdichte rund eine Milliarde Mal höher als die der Materie, weshalb man von einem strahlungsdominierten Universum spricht. (Da die Strahlungsdichte im Laufe der Zeit schneller abnimmt als die der Materie, übernimmt letztere irgendwann die Oberhand. Dies geschieht aber erst nach etwa 300 000 Jahren.) Atome gibt es wegen der enorm hohen Temperatur noch nicht, die Materie bildet ein ungeordnetes Gemisch aus Quarks und Antiquarks sowie den sogenannten Leptonen, den „leichten" Elementarteilchen wie Elektronen und deren Antiteilchen Positronen und Neutrinos.

Alter: eine millionstel Sekunde bis eine Sekunde. Der Weltradius wächst, die Temperatur fällt auf 10 Milliarden (10^{10}) Grad. Elektronen und Positronen vernichten sich gegenseitig und gehen in Strahlungsblitzen auf. Da es aber einen winzigen Überschuß an Elek-

tronen gegenüber Positronen gegeben haben muß, gehen die überzähligen Elektronen aus diesem Zerstörungskampf siegreich hervor. Sie bilden seitdem eine Komponente der heutigen Materie. Auch Quarks und Antiquarks vernichten sich bis auf einen kleinen Bruchteil. Diese restlichen Quarks lagern sich zu dritt zusammen und bilden Protonen und Neutronen, die Bausteine der Atomkerne. Am Ende dieser sogenannten Leptonen-Ära besteht das Universum also aus einem Gemisch von Elektronen, Protonen und Neutronen, Photonen (Strahlungsteilchen) und Neutrinos, die bereits wesentlich früher entstanden sind.

Alter: eine Sekunde bis drei Minuten: Die Temperatur fällt auf einige hundert Millionen Grad und die Strahlungsdichte auf ein Gramm pro Kubikzentimeter. Nach wie vor ist die Materiedichte hunderttausendmal geringer als die der Strahlung. Jetzt beginnt die Ära, die Gamow und Kollegen untersucht haben: Protonen und Neutronen lagern sich bei Temperaturen unterhalb von einer Milliarde Grad zusammen und bilden Atomkerne der leichten Elemente Wasserstoff, Helium, Lithium, Beryllium und Bor. Man nennt diesen Zeitraum auch Elementsynthese-Ära. In ihr entschied sich innerhalb von drei Minuten die Häufigkeit der ersten Elemente.

Die Elemente entstehen

Im wesentlichen liefen in dieser Phase, die einer gigantischen Wasserstoffbomben-Explosion glich, folgende Reaktionsschritte ab: Protonen (p) und Neutronen (n) verschmolzen zu dem nächst schwereren Kern des Elements Deuterium. Fing ein solcher Kern ein weiteres Proton oder Neutron ein, so entstanden Helium-3 (2p + 1n) beziehungsweise Tritium (1p + 2n). Diese beiden Kerne konnten zu Helium-4 (2p + 2n) weiter anwachsen. Außerdem entstanden kleine Mengen an Beryllium-7 (4p + 3n) und Lithium-7 (3p + 4n). Da die Protonen positiv geladen sind, wächst die elektrische Abstoßung mit jedem Proton im Kern an. Je größer ein Kern ist, desto größer muß demnach die Energie eines Protons sein, um diese elektrische Barriere zu überwinden. Weil die Temperatur aber immer weiter absank, verloren die Protonen an Energie, so daß sich neben Helium-4 nur noch Lithium, Beryllium und

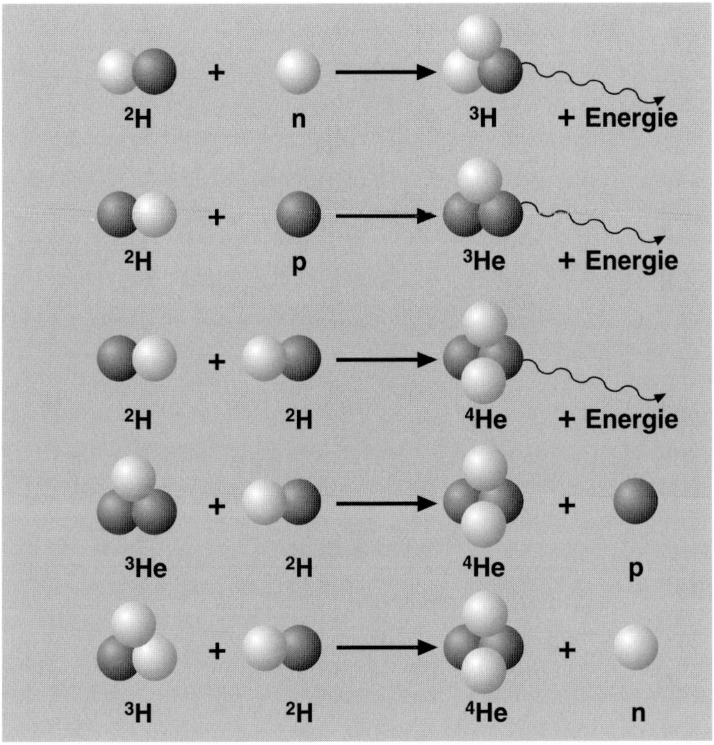

Neutronen und Protonen bildeten innerhalb der ersten drei Minuten nach dem Urknall die leichten Elemente.

Bor bilden konnten. Da Protonen und Neutronen in den Helium-4-Kernen am stärksten aneinander gebunden sind, waren sie am Ende der Elementsynthese-Ära neben Wasserstoff mit Abstand am häufigsten.

In diesem Punkt hatten sich Gamow und seine Kollegen geirrt: Elemente, die schwerer als Bor und Lithium sind, entstanden wesentlich später in den Reaktionszyklen im Innern der Sterne. Noch heute wandeln die Sterne die leichten Elemente in schwere um und geben sie zum Beispiel bei Supernova-Explosionen ans Weltall ab.

In den sechziger Jahren begannen die Theoretiker quantitativ zu verstehen, in welcher Weise die relativen Häufigkeiten von der Teilchendichte und Temperatur in dieser Ära abhingen. Die Temperatur entscheidet darüber, mit welcher Energie die Teilchen zusammenstoßen, und von der Dichte hängt es ab, wie oft Teilchen miteinander kollidieren. Da mit Helium-4 das stabilste Element durch Zusammenlagerung der Protonen und Neutronen erreicht werden konnte, sollte die Häufigkeit dieses Kerns im Verhältnis zu allen anderen zunehmen, je dichter die Materie in der Elementsynthese-Ära gepackt war. Einfach gesprochen ergibt sich in einem dichten Gas die Gelegenheit für die Teilchen öfter, sich zu diesem Kern zusammenzufinden.

Elementsynthese im Computer

Seit dreißig Jahren versuchen Theoretiker in komplizierten Computerprogrammen die Elementsynthese nachzuvollziehen. Ihre Ergebnisse werden umso zuverlässiger, je genauer die Daten sind, die ihre Physiker-Kollegen aus Beschleunigerexperimenten liefern können. Hierzu zählen die mittlere Lebensdauer von Teilchen, beispielsweise des Neutrons, und die Wirkungsquerschnitte, die angeben, wie nahe sich zwei Teilchen kommen müssen, damit sie sich vereinigen.

Das wichtigste Ergebnis einer solchen Simulation zeigt die relativen Elementhäufigkeiten in Abhängigkeit von der Teilchendichte. In diese Rechnung geht natürlich, wie erwähnt, die damalige Teilchendichte ein. Da man aber mit einer bestimmten Unsicherheit weiß, um welchen Faktor sich das Universum seitdem ausgedehnt hat, kann man die damalige Teilchendichte in die heutige umrechnen, woraus sich eine einzigartige Möglichkeit ergibt: Gelingt es, aus der heute gemessenen Elementhäufigkeit auf diejenige in der Synthese-Ära zu schließen, so läßt sich hieraus die heutige Materiedichte im Universum ablesen und damit Ω bestimmen.

Es liegt auf der Hand, daß dieses Unterfangen nicht ganz einfach ist, denn in den vergangenen Milliarden von Jahren ist die Elementzusammensetzung des Gases im Universum stark verändert worden. Ein großer Teil der Elemente ist bereits mehrfach durch die Hochöfen im Innern der Sterne gegangen, wo in komplizierten Fusionsreaktionen leichte Atomkerne zu schwereren zusammengebacken wurden. Es scheint deswegen aussichtslos, aus den Elementhäufigkeiten im heutigen prozessierten Gas auf die Bedingungen im Urgas zu schließen. Und doch ist es möglich.

Helium und Deuterium

Zunächst einmal zeigen die Rechnungen, daß die Häufigkeiten von Wasserstoff und Helium-4, die zusammen nahezu 100 Prozent der gesamten Materie ausmachen, nicht sehr stark von der Dichte abhängen. Dennoch gelten die ermittelten Häufigkeiten dieser Elemente als eine der besten Bestätigungen für die Elementsynthese im Urgas und somit auch für die Urknall-Theorie selbst. Aus dem heute gemessenen Wert leiten die Astrophysiker einen Anteil von Helium-4 im Urgas zwischen 22,1 und 24,3 Prozent ab. Er entspricht genau den theoretischen Erwartungen.

Als interessantester Indikator gilt das Deuterium, weil dessen Häufigkeit sehr stark von der Dichte während der Synthese-Ära abhängt. Deuterium wurde seit dem Urknall im Innern der Sterne zerstört, und die Astrophysiker sind sich sicher, daß es seit seiner Entstehung durch keinen anderen Prozeß erzeugt wurde. Der ursprüngliche Wert war also größer als der heutige. Aus dem Diagramm erhält man daraus eine obere Grenze für die heutige Teilchendichte. Und dieser Wert ist nun besonders interessant. Man berechnet nämlich, daß heute die gesamte Materie höchstens 3 bis 15 Prozent der kritischen Dichte ausmachen kann, also: Ω kleiner als 0,15.

Eine Obergrenze für die heutige Teilchendichte

Nimmt man alle bekannten Werte zusammen, auch die der hier nicht vorgeführten von Helium-3 und Lithium-7, so bekommt man einen erlaubten Bereich für die heutige Dichte im Universum. Dieser liegt zwischen 1 und 9 Prozent der kritischen Dichte, so daß Ω einen Wert zwischen 0,01 und 0,09 annimmt.

Dies läßt sich mit den auf andere Weise ermittelten Werten für Ω vergleichen. Man erkennt bereits, daß die leuchtende Materie allein in diesen Bereich nur noch dann hineinfällt, wenn man Fehlergrenzen durch die Messungen und die Theorie bis an den Rand ausschöpft. Sterne und Gas machen höchstens 0,7 Prozent der kritischen Dichte aus, also ist Ω kleiner als 0,007. Nimmt man die Dunkle Materie hinzu, so wird es schon schwierig, das obere Limit von Ω gleich 0,09 einzuhalten. Selbst die aus dem Deuterium abgeleitete obere Grenze von Ω gleich 0,15 scheint noch zu klein für die heutigen Meßwerte zu sein. Aus den Beobachtungen der Galaxienhaufen leitet man für Ω einen Wert von 0,4 oder mehr ab.

Ein eklatanter Widerspruch tut sich aber auf jeden Fall zu der

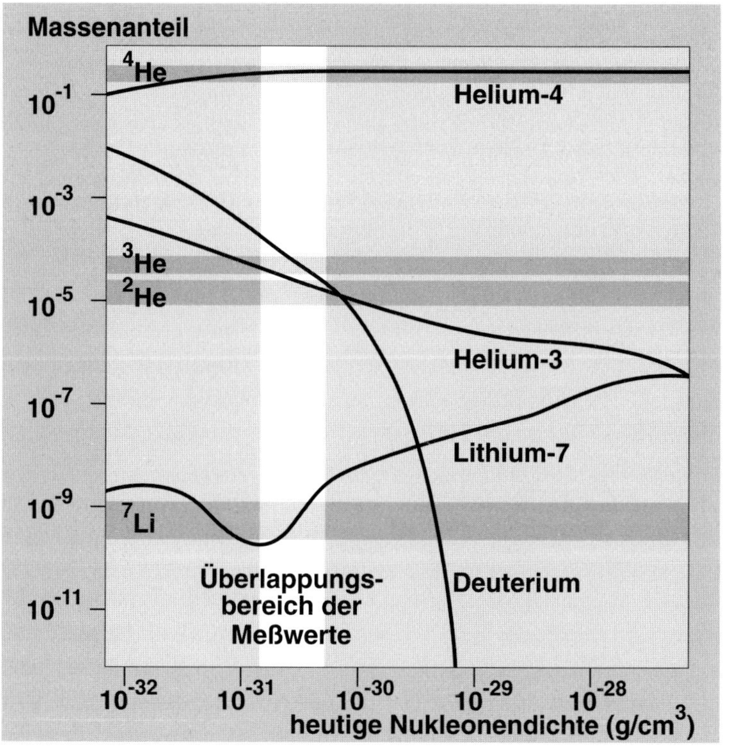

Aus den heute gemessenen Häufigkeiten der leichten Elemente läßt sich die mittlere Materiedichte im Universum berechnen. Die durchgezogenen Kurven sind das Ergebnis solcher Computerberechnungen.

klaren Aussage der Theorie des inflationären Universums auf. Diese sagt nämlich unmißverständlich voraus: Ω ungefähr gleich 1. Die gemessenen Elementhäufigkeiten lassen sich mit einem solch großen Wert auf keinen Fall in Einklang bringen.

Auf den ersten Blick scheint es aus dieser Misere nur zwei mögliche Auswege zu geben: Entweder die Modelle der Elementsynthese im Urknall sind falsch, oder die Theorie des inflationären Universums muß fallengelassen werden. Beide Möglichkeiten wären schwere Schläge für die Kosmologen. Tatsächlich gibt es aber noch eine dritte Möglichkeit, den Gordischen Knoten zu lösen. Man muß neben der mittlerweile entdeckten Dunklen Materie, dem heißen intergalaktischen Gas und den MACHOs, eine dritte Art einführen, die zwar über die Schwerkraft wirkt, aber keinen Einfluß auf die Elementsynthese gehabt hat. Eine solche Art von Materie ist uns bislang nicht bekannt. Jeder Gasnebel, jeder Stern und jeder Planet ist aus Atomen aufgebaut, deren Grundbausteine unseres Wissens nach die Quarks und die Elektronen sind.

Hilfe aus der Elementarteilchenphysik

An dieser Stelle kommen die Elementarteilchenphysiker ihren Kollegen aus der Kosmologie zu Hilfe. Sie haben Theorien entwickelt, die über das heute gesicherte Standardmodell des Aufbaus der Materie hinausgehen. In diesen Theorien taucht eine ganze Schar neuer Teilchen auf, die genau solche Eigenschaften besitzt, wie sie die Kosmologen benötigen.

Eine Welt neuer Teilchen

„Wenn ich den unsichtbaren Körperteilchen eine bestimmte Gestalt, Größe und Bewegung zuteile, als wenn ich sie gesehen hätte, und dennoch anerkenne, daß sie nicht wahrnehmbar sind, so wird man vielleicht die Frage erheben, woher ich denn diese Eigenschaften kenne." Diese Frage stellte der französische Philosoph René Descartes zu Beginn des 17. Jahrhunderts in seinem Werk über die Prinzipien der Philosophie, die er auf seinen ausgedehnten Reisen niederschrieb. Hintergrund seiner Problemstellung war die Hypothese das atomaren Aufbaus der Materie, wie sie bereits die griechischen Gelehrten Demokrit und Leukipp vertreten hatten. Auf das moderne Problem der Dunklen Materie trifft sie jedoch im gleichen Maße zu.

Das Standardmodell der Elementarteilchen

Descartes beschäftigte sich mit diesem Problem fast 300 Jahre bevor zweifelsfrei feststand, daß die Materie aus Atomen aufgebaut ist. Heute haben die Physiker ein System von Elementarteilchen aufgestellt, mit dem sie den Aufbau der Materie und die darin herrschenden Kräfte beschreiben können.

Drei Teilchengenerationen

Die Grundbausteine der Materie sind die Quarks und die sogenannten Leptonen. Sie lassen sich in drei Generationen einteilen, wobei allein die Teilchen der

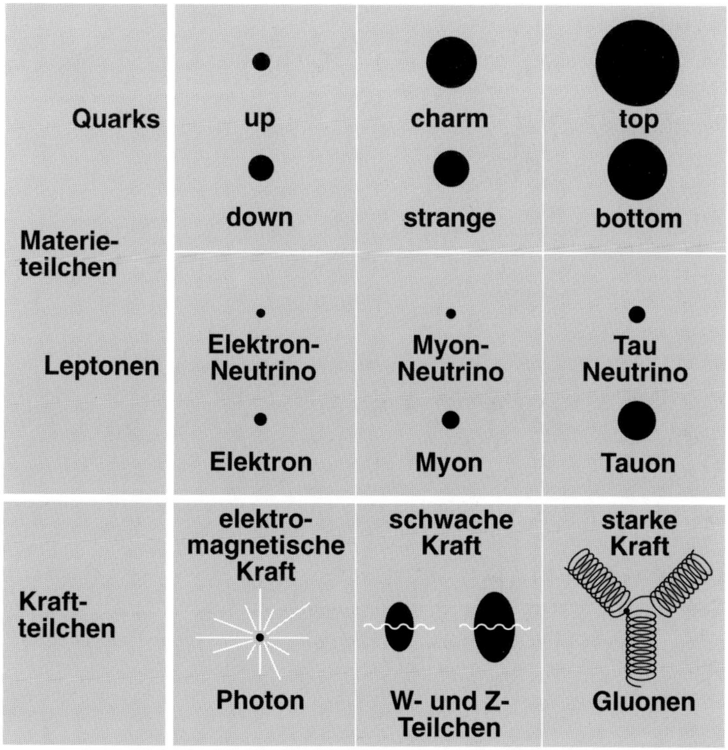

Nach dem heutigen Standardmodell der Elementarteilchenphysiker ist die Materie aus Quarks und Leptonen aufgebaut. Die kraftvermittelnden Teilchen nennt man Bosonen.

ersten Generation die stabile Materie bilden. Es sind dies zwei Quarks, genannt Up und Down, sowie das Elektron und das Elektron-Neutrino. Während die Neutrinos elektrisch neutral sind, tragen die

Bausteine der Materie

Zwei Up- (zusammen +4/3 e) und ein Down-Quark (–1/3 e) bilden ein Proton mit einer positiven elektrischen Elementarladung, deren Stärke gleich groß aber entgegengesetzt zum Elektron ist. Zwei Down- (–2/3 e) und ein Up-Quark (+2/3 e) bilden zusammen ein Neutron, das elektrisch neutral ist. Atome bestehen im Kern aus Neutronen und Protonen. Dieser ist umgeben von einer Wolke aus Elektronen, wobei die Anzahl der Elektronen genauso groß ist wie die der Protonen. Aus diesem Grunde ist ein Atom nach außen elektrisch neutral. Atome finden sich zu Molekülen zusammen, die ebenso neutral sind.

Quarks und Elektronen Ladung. Bezeichnet man die Ladung des Elektrons, genannt e, als negative Einheitsladung (–1 e), so hat das Up-Quark +2/3 e und das Down-Quark –1/3 e. Auf diese Weise können sich die Teilchen zu neutralen Atomen zusammenfinden.

Die Teilchen der zweiten und dritten Generation sind massereicher als die der ersten, aber dafür sind sie instabil. Sie zerfallen bereits nach Bruchteilen von Sekunden und kommen in der Natur nur kurzzeitig in der Folge von Kernreaktionen vor. In der zweiten Generation sind dies die Quarks Charm und Strange sowie die Leptonen Myon und Myon-Neutrino. Die dritte Generation bilden die Quarks Bottom und Top sowie die Leptonen Tau und Tau-Neutrino. Das Top-Quark wurde als letztes dieser Elementarteilchen erst 1994 entdeckt.

1994 wurde das noch fehlende Top-Quark entdeckt

Zu den sechs Quarks und sechs Leptonen gibt es jeweils ein Antiteilchen. Antiteilchen gleichen ihren Partnern wie ein Ei dem anderen bis auf einen Unterschied: Ihre elektrische Ladung ist genau gleich groß, aber entgegengesetzt. Antiteilchen kommen in dem uns zugänglichen Bereich der Natur nicht vor. Und wenn sie einmal bei Kernreaktionen entstehen, zerstrahlen sie sofort, sobald sie mit ihrem Gegenpart zusammentreffen.

Neutrinos

Die Neutrinos spielen in diesem Schema eine ganz besondere Rolle. Sie werden bei einer bestimmten Art von radioaktiven Zerfällen frei. Ein Neutron beispielsweise ist im Verband mit anderen Neutronen und Protonen im Atomkern stabil. Ein freies Neutron hingegen zerfällt nach etwa zehn Minuten in ein Proton und ein Elektron sowie ein Neutrino.

Der Physiker Wolfgang Pauli sagte ihre Existenz 1930 theoretisch voraus, entdeckt wurden sie jedoch erst ein Vierteljahrhundert später, wofür einer der Entdecker, Frederick Reines, 1995, also rund vierzig Jahre danach, den Physik-Nobelpreis erhielt. (Für seinen damaligen Kollegen Clyde L. Cowan kam die Ehrung zu spät. Er starb 1974.) Der Grund für diese lange Suche ist die unglaubliche „Flüchtigkeit" dieser Teilchen. Mühelos durchdringen sie jede Art von Materie. In einem Neutrinostrahl, der durch einen ein Lichtjahr dicken Bleiklotz fliegt,

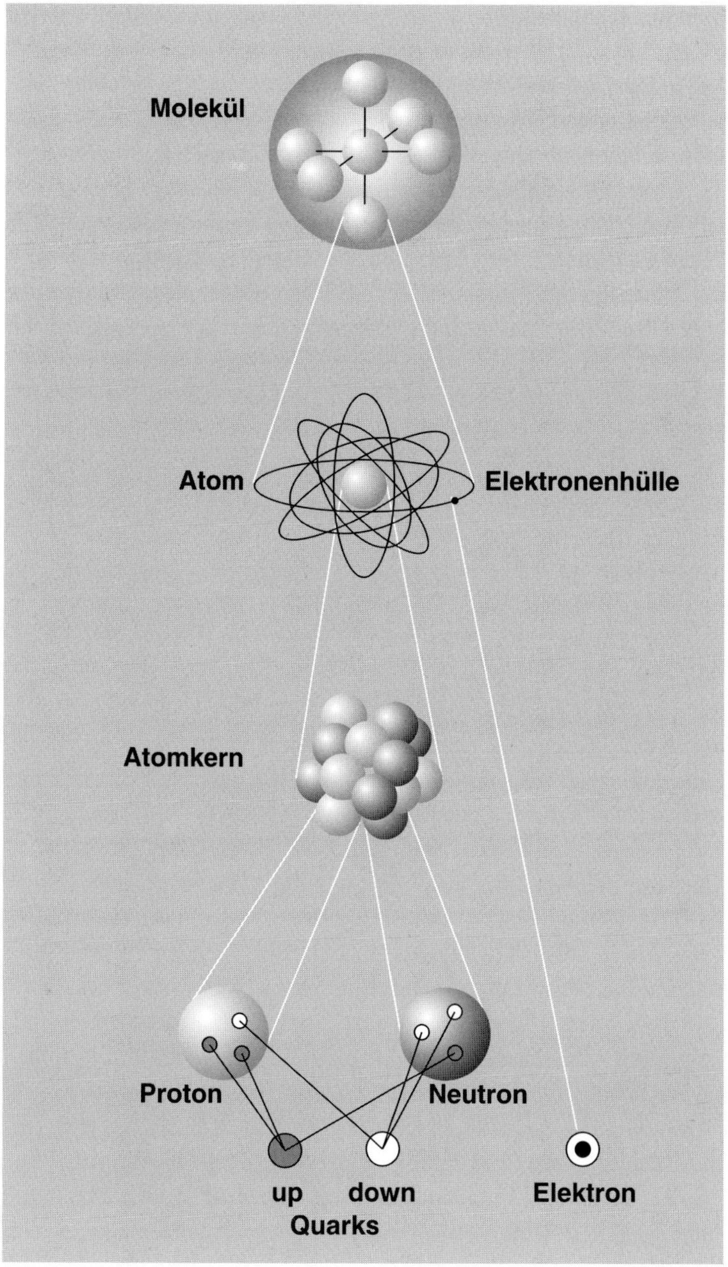

Die Bausteine der Materie. Quarks bilden die Kernbausteine Protonen und Neutronen. Diese lagern sich zu Atomen zusammen, und mehrere Atome bilden ein Molekül.

würde lediglich jedes tausendste Teilchen steckenbleiben! Kein Wunder also, daß sie so schwer nachweisbar sind.

Im Urknall entstanden diese Teilchen in einer enorm großen Zahl, und auch heute noch werden sie im Innern der Sterne bei den zahllosen Kernreaktionen erzeugt. Neben den Photonen sind die Neutrinos die häufigsten bekannten Teilchen im Universum: Rund 200 von ihnen befinden sich in jedem Kubikzentimeter. Das heißt auf jedes Proton im Universum kommen rund eine Milliarde Neutrinos. Da liegt natürlich die Vermutung nahe, daß sie auch den größten Teil der Gesamtmasse im Weltall stellen. Und genau dies ist die Frage, die die Physiker bewegt. Bis heute weiß man nämlich nicht, ob diese Teilchen überhaupt eine Masse besitzen oder ob sie masselos sind, wie die Photonen.

Auf jedes Proton im Universum kommen 1 Milliarde Neutrinos

Besäßen Neutrinos Masse, so hätte man einen Ausweg aus der im vorigen Kapitel geschilderten Zwickmühle gefunden, wonach das inflationäre Universum Ω gleich 1 fordert, während nach der Theorie der Elementsynthese im Urknall Ω kleiner als 0,15 sein muß. Neutrinos würden nun, besäßen sie eine genügend große Masse, die notwendige Dunkle Materie liefern. Auf die Elementsynthese hätten sie jedoch keinen wesentlichen Einfluß genommen, weil sie mit Materie so gut wie gar nicht wechselwirken.

Man kann leicht errechnen, daß die Neutrinos eine Masse von 25 bis 50 Elektronenvolt (eV) besitzen müßten, damit Ω gleich 1 ist. (Die Elementarteilchenphysiker geben die Masse von Teilchen meistens in der Energieeinheit Elektronenvolt an; ein Elektron „wiegt" etwa 500 Kiloelektronenvolt [keV], ein Proton rund 938 Megaelektronenvolt [MeV]).

Da Neutrinos so schwierig meßbar sind, gibt es bislang für die Massen der drei Neutrinosorten nur Obergrenzen. Diese liegen bei folgenden Werten: Elektron-Neutrino kleiner 7,3 Elektronenvolt (eV), Myon-Neutrino kleiner 270 000 eV, Tau-Neutrino kleiner 31 Millionen eV. Entweder sind die Neutrinos aller drei Sorten masselos oder sie haben alle eine Masse.

Im heutigen Standardmodell der Elementarteilchen nimmt man an, daß Neutrinos keine Masse besitzen. Es gibt jedoch zwei Experimente, die darauf hindeuten, daß dem nicht so ist.

In einem Bergwerk in South Dakota registrieren Physiker in einem mit Perchlorethylen gefüllten Tank Neutrinos von der Sonne.

Neutrinos von der Sonne

Im Innern der Sonne laufen bei einer Temperatur von etwa 15 Millionen Grad eine ganze Reihe von Kernreaktionen ab, bei denen Wasserstoff in Helium umgewandelt wird. Diese Fusionsreaktionen liefern die Energie, der wir letztlich unsere Existenz verdanken. In diesem verzweigten Reaktionsnetz, das mittlerweile gut bekannt ist, entstehen auch laufend enorme Mengen an Neutrinos, die ungehindert aus dem Sonneninnern nach außen dringen und in den Weltraum hinausfliegen. Nach etwas mehr als acht Minuten kommt ein Teil von ihnen bei der Erde an. Rund sechzig Milliarden durchqueren pro Sekunde eine Fläche von der Größe eines Fingernagels.

Mitte der sechziger Jahre begann der Physiker Raymond Davis in South Dakota mit dem Aufbau eines Detektors, der es ihm erstmals ermöglichen sollte, Elektron-Neutrinos von der Sonne nachzuweisen. Als Nachweisgerät diente ihm ein Tank mit 380 000 Liter Perchlorethylen. Reagiert eines der Neutrinos mit einem Chloratom, so wandelt sich dieses in ein Argonatom um. Dieses ist jedoch radioaktiv und zerfällt nach rund 35 Tagen. Bei diesem Zerfall verrät sich das Argonatom, weil es ein Positron (Anti-Elektron) aussendet, das sofort in einem Lichtblitz zerstrahlt, wenn es mit einem Elektron zusammenkommt. Davis installierte seine Apparatur in der Homestake-Goldmine rund 1600 Meter unter der Erde, um sie gegen energiereiche Teilchen abzuschirmen, die unablässig aus dem Weltraum auf den Erdboden prasseln. Die gesuchten Neutrinos hingegen können die Gesteinsschicht problemlos durchdringen.

Argon-37 zerfällt nach rund 35 Tagen

Trotz des intensiven Neutrinostromes, der durch seinen Tank rauschte, erwartete Davis jeden Tag nur zwei „Ereignisse", bei denen ein Chloratom mit einem Neutrino reagiert und sich in ein Argonatom umwandelt. Die tatsächlich von ihm gemessene Rate war noch geringer. Im Mittel fand er alle zwei Tage eins. Das Experiment läuft noch heute, so daß der Meßwert immer besser abgesichert werden konnte. Nach über zwanzig Jahren Laufzeit hat Davis nur 36 Prozent des theoretisch erwarteten Wertes gemessen. Wie war dieses Sonnenneutrino-Rätsel zu lösen?

Zunächst schien die einfachste Lösung darin zu bestehen, daß die Modelle, mit denen die Astrophysiker den inneren Aufbau der Sonne berechnen, noch Fehler enthalten. Die von Davis registrierten Neutrinos entstehen in einem bestimmten Reaktionszweig, dessen Neutrinoproduktion extrem sensibel von der Temperatur abhängt. Erniedrigte man in den Modellen die Zentraltemperatur ein wenig, so sank der Neutrinostrom gleich gewaltig ab. War dies des Rätsels Lösung?

Mitte der achtziger Jahre bildete sich eine internationale Gruppe von Instituten, um einen neuen Neutrinodetektor zu bauen, der mehr Gewißheit in diese Frage bringen sollte. Das unter der Leitung von Till Kirsten vom Max-Planck-Institut für Kernphysik in Heidelberg entstandene Gallex-Experiment arbeitet nach einem ganz ähnlichen Prinzip wie die Davis-Anlage.

In einem großen Tank befinden sich hundert Tonnen Galliumchlorid. Reagiert hierin ein Neutrino mit einem Galliumatom, so wandelt sich dieses in ein Germaniumatom um. Dieser Kern zerfällt mit einer Halbwertszeit von 11,4 Tagen, wobei unter anderem ein Röntgenstrahl ausgesendet wird, der den Zerfall verrät.

Der Trick an diesem extrem schwierigen Experiment, bei dem unter 10^{29} Galliumatomen ein Germaniumatom gefunden werden muß, besteht in folgendem: Das Galliumchlorid in dem Tank ist flüssig. Das entstehende Germaniumchlorid indes ist gasförmig. Die Physiker lassen nun den Tank pro Meßkampagne rund drei Wochen lang mit solaren Neutrinos bestrahlen und begasen ihn anschließend mit Stickstoff. Dabei wird das gasförmige Germaniumchlorid mitgerissen und nach mehreren chemischen Zwischenschritten einem Zählrohr zugeführt, das die Zerfälle der Germaniumatome registriert. In diesen drei Wochen werden im Mittel zehn Gallium- in Germaniumatome umgewandelt.

Gallex lief 1991 an. Die Physiker hatten sich ein Laboratorium in einem Autobahntunnel im Gran-Sasso-Massiv der italienischen Abruzzen eingerichtet, wo das Experiment unter einer 1200 Meter dicken Gesteinsschicht von der kosmischen Strahlung abgeschirmt war. 1992 kam das erste Zwischenresultat, und das stützte das Davis-Experiment: Gallex fand nur 60 Prozent des theoretisch erwarteten Wertes, und dieses Defizit bestätigte sich im weiteren Verlauf der Messung.

Auch Gallex findet „zu wenig" Sonnenneutrinos

Dieses Ergebnis wirft nun allerdings noch größere Probleme auf als das von Davis. Die von Gallex gemessenen Neutrinos entstehen nämlich in dem Hauptreaktionszweig, bei dem zwei Protonen zu einem Deuteriumkern verschmelzen und ein Elektron-Neutrino frei wird. Die hierbei theoretisch erwartete Neutrinorate hängt, anders als beim Davis-Experiment, nicht sehr stark von der angenommenen Temperatur im Kern der Sonne ab. Würden die Astrophysiker in ihren Modellen die Zentraltemperatur so weit absenken, bis sie mit dem kleinen Neutrinostrom verträglich ist, so wäre das neue Modell mit anderen Messungen nicht mehr in Einklang zu bringen. Hierzu zählt das seit einigen Jahren laufende Kamiokande-Experiment in Japan, das auf einem anderen Nachweisprinzip beruht. Hiermit haben Physiker sehr energiereiche Neutrinos von der Sonne nachgewiesen. Auch die japanischen Physiker finden nur halb so viele wie erwartet.

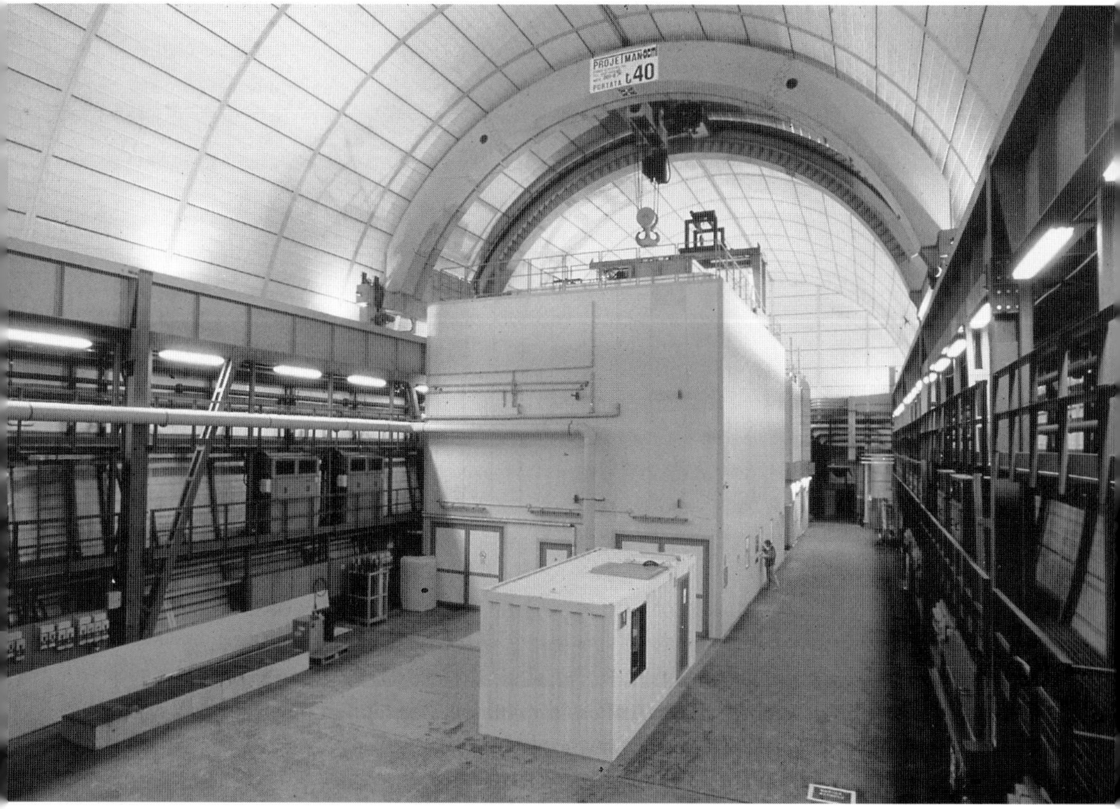

Das Neutrino-Experiment Gallex lief bis Ende 1996 in einem Untergrundlabor in den italienischen Abruzzen. Unter dem Felsmassiv ist es gegen die kosmische Strahlung abgeschirmt. (Foto: MPG)

Aus diesem Grunde vermuten mittlerweile immer mehr Physiker die Lösung des Neutrinoproblems in einer „neuen Physik", und die lautet: Erweiterung des Standardmodells dahingehend, daß man dem Neutrino eine Masse zuschreibt. Wie könnte man das Sonnenneutrino-Rätsel damit lösen?

Das Wechselspiel der Neutrinos

Bereits Ende der sechziger Jahre schlug der italienische Physiker Bruno Pontecorvo eine ungewöhnliche Erklärung für die geringe Zahl der Neutrinos vor: Neutrino-Oszillationen. Wenn Neutrinos eine Masse besitzen, können sie sich ineinander umwandeln. Aus einem Elektron-Neutrino kann ein

Myon- oder Tau-Neutrino werden und umgekehrt. Dieses Phänomen hätte für die beschriebenen Experimente fatale Auswirkungen.

Sowohl das Davissche Experiment als auch Gallex weisen ausschließlich Elektron-Neutrinos nach. Wenn aber die Neutrinos eine Masse besitzen, so wird sich ein bestimmter Anteil auf dem Weg bis zur Erde in Myon- oder Tau-Neutrinos verwandeln, und für diese Spezies sind die beiden Experimente blind. Das würde bedeuten, daß im Innern der Sonne tatsächlich so viele Elektron-Neutrinos entstehen, wie es die Sonnenmodelle voraussagen, daß aber einige dieser Teilchen ihre Identität ändern und dadurch dem Nachweis entgehen.

Gewißheit darüber, ob es solche Oszillationen gibt – und damit auch über die magische Frage, ob Neutrinos eine Masse besitzen oder nicht –, sollen Oszillationsexperimente bringen. Überall in der Welt werden derzeit Versuche dieser Art aufgebaut. Man benötigt für sie eine Quelle, die einen bekannten Neutrinostrom liefert, den ein möglichst weit entfernter Detektor mißt. Registriert man die erwartete Rate, gibt es keine Oszillationen, findet man weniger, müssen sich einige der Neutrinos auf dem Weg zum Detektor umgewandelt haben.

Erste Hinweise auf Neutrino-Oszillationen

Anfang 1995 meldete eine Gruppe amerikanischer Physiker aus Los Alamos, New Mexico, sie hätten erstmals Hinweise auf solche Oszillationen gefunden. In ihrem Experiment, das sie 1988 aufgebaut hatten, lenkten sie einen Protonenstrahl der Los Alamos Meson Physics Facility auf einen Wassertank. Bei Zusammenstößen der Protonen mit Atomkernen im Wassertank entsteht eine ganze Reihe von Teilchen, darunter Myon-Antineutrinos. Dieser Teilchenschwarm raste in einen knapp 30 Meter entfernt stehenden Detektor, der ausschließlich Elektron-Antineutrinos registrieren konnte, also solche Teilchen, die in dem Wassertank nicht entstehen. Dennoch meldeten die Physiker insgesamt 16 Ereignisse in ihrem Detektor, die sie Elektron-Antineutrinos zuwiesen. Diese konnten nur auf dem Weg zwischen dem Wassertank und dem Detektor durch Umwandlung von Myon-Antineutrinos in ihre Brüder entstanden sein.

Die Kollegen in anderen Laboratorien stehen dieser Meldung indes kritisch gegenüber. Zunächst einmal hatten die Forscher aus Los

Alamos ihre vermeintliche Entdeckung zuerst in der *New York Times* veröffentlicht und nicht wie üblich in einem Fachjournal. Skeptiker vermuteten, daß die Physiker mit ihrer Erfolgsmeldung Budgetkürzungen abwenden wollten. Und als dann im Oktober 1995 die Veröffentlichung in den *Physical Review Letters* erschien, kam es zu einem bis dahin nie dagewesenen Eklat: Ein Mitarbeiter der Los-Alamos-Gruppe wollte sich der Interpretation seiner Kollegen nicht anschließen und legte in derselben Ausgabe seine Deutung der Daten vor. Danach wurden die Ereignisse im Detektor nicht durch Neutrinos, sondern durch Teilchen der kosmischen Strahlung und andere Störeffekte verursacht.

Oszillationsversuche bei CERN

Am europäischen Forschungslaboratorium, CERN, laufen ebenfalls Oszillationsversuche. Am weitesten fortgeschritten ist das sogenannte CHORUS-Experiment. Dabei richten die Physiker einen Protonenstrahl aus dem „Super Proton Synchrotron" auf einen Berylliumblock. Bei den Kernzusammenstößen entstehen hierin zunächst sogenannte Pionen, die einen 300 Meter langen Tunnel entlangfliegen. Auf diesem Weg zerfallen einige dieser Teilchen in Myonen und Myon-Neutrinos. Am Tunnelende wartet ein großer Eisenblock auf den Partikelschwarm und stoppt alle Teilchen – bis auf die Myon-Neutrinos, die ihn mühelos durchfliegen.

Nach weiteren 800 Metern Wegstrecke rasen diese in eine Silberbromid-Emulsion. Sie ist im Prinzip nichts anderes als ein überdimensionierter Schwarzweißfilm, der aus insgesamt 36 jeweils 0,7 Millimeter dünnen Schichten besteht. Die Physiker vom CERN wollen hiermit allerdings nicht die Myon-Neutrinos nachweisen, sondern die schwereren Brüder, die Tau-Neutrinos, die nur durch Oszillation auf diesem 1100 Meter langen Weg entstehen können. Kollidiert ein solches Tau-Neutrino mit einem Atomkern, so entsteht ein sogenanntes Tau-Lepton, das bereits nach 10^{-13} Sekunden wieder zerfällt. In dieser kurzen Zeit legt es in der Emulsion einen Weg von einem halben Millimeter zurück und hinterläßt darin eine charakteristische Spur. Nach ihr suchen die Forscher in den Emulsionsschichten mit automatisch gesteuerten Kameras. Das Neutrino-Geschäft ist sehr mühsam und langwierig. Vor 1997 werden keine Ergebnisse vorliegen.

Je weiter Neutrinoquelle und Detektor voneinander entfernt stehen, desto kleinere Massen können noch nachgewiesen werden. Der-

zeit versuchen Physiker des Fermi National Accelerator Laboratory ein solches Experiment mit langer Oszillationsstrecke auf den Weg zu bringen. Hierbei soll der gegen Ende des Jahrhunderts in Betrieb gehende Beschleuniger „Main Injector“ Protonen mit einer Energie von 120 GeV auf einen Graphitblock schießen. Bei den auftretenden Kernstößen werden drei Neutrinosorten frei, unter anderem Myon-Neutrinos.

Mit Neutrino-Oszillationsversuchen wie dem beim CERN laufenden CHORUS suchen die Physiker nach der Ruhemasse des Neutrinos. (Foto: CERN)

Diese Teilchen durchfliegen die Erde, und ein Teil von ihnen wird in einem 730 Kilometer entfernten stillgelegten Eisenbergwerk mit einem entsprechenden Detektor aufgefangen. Dieses Gerät soll dann neben den Myon-Neutrinos auch Tau-Neutrinos nachweisen, die im Fermilab nicht entstehen. Auch hier gilt die Philosophie: Findet man

Tau-Neutrinos, so können sie nur aus den Myon-Neutrinos während der 730 Kilometer langen Reise durch die Erde entstanden sein. Zur Zeit ist es jedoch nicht klar, ob die Forschergruppe die für die Realisierung nötigen rund 200 Millionen Mark bekommen wird.

Mit Experimenten dieser Art wollen die Physiker also die Frage klären, ob Neutrinos eine Masse besitzen oder nicht. Den tatsächlichen Wert legen sie jedoch nicht fest. Dieser magischen Zahl kann man sich aber nähern, indem man die Ergebnisse der Sonnenneutrino- und der Oszillationsexperimente kombiniert. Dann nämlich lassen sich bestimmte Massenbereiche ausschließen.

Die Neutrinos sind nicht die einzigen Kandidaten für Dunkle-Materie-Teilchen. Neue, grundlegendere Theorien über den Aufbau der Materie liefern gleich eine ganze Partikelschar, die sich mit ihren Eigenschaften gut in kosmologische Konzepte einfügen läßt.

Vereinheitlichung der Kräfte

Bislang haben wir ausschließlich von den Elementarteilchen gesprochen, ohne die zwischen ihnen waltenden Kräfte zu erwähnen. Sie gehören jedoch zum Standardmodell dazu.

Das große Ziel der Teilchenphysiker besteht darin, diese Kräfte auf eine einzige Fundamentalkraft zurückzuführen. Warum meint man, daß es überhaupt eine solche Urkraft gibt? Hierfür gibt es verschiedene Gründe, von denen hier nur die vielleicht am einfachsten einsehbaren vorgeführt werden sollen.

Die „Viererbande" der Physik

Die Physiker führen heute alle Vorgänge auf vier Kräfte zurück:

1) die Schwerkraft oder Gravitation: sie wirkt zwischen allen Teilchen, die eine Masse besitzen;

2) die elektrische Kraft: sie wirkt zwischen elektrisch geladenen Teilchen wie Elektronen und Protonen;

3) die schwache Kraft: sie wirkt zwischen den Leptonen (Neutrinos und Elektronen) und den Quarks und

4) die starke Kraft: sie wirkt zwischen den Quarks.

Die Entdeckung der Gravitation

Zunächst einmal haben dies die Physiker „schon immer getan“. Vor drei Jahrhunderten entdeckte Isaac Newton, daß die irdische Schwerkraft, die einen Apfel zu Boden fallen läßt, identisch ist mit der himmlischen Kraft, die den Mond auf seiner Bahn um die Erde hält. Im vorigen Jahrhundert fand James Clerk Maxwell heraus, daß elektrische und magnetische Kräfte auf ein und dieselbe Ursache zurückzuführen sind, nämlich auf elektrische Ladungen. Ruhen sie relativ zu uns, so registrieren wir ein elektrisches Feld, bewegen sie sich, so messen wir ein Magnetfeld.

Die „Erfindung“ der Elektrodynamik

Es dauerte ein weiteres Jahrhundert, bis die beiden Amerikaner Steven Weinberg und Sheldon Glashow zusammen mit dem aus Pakistan stammenden Abdus Salam erkannten, daß auch die schwache und die elektrische Kraft lediglich zwei Manifestationen ein und derselben Kraft sind. In den sechziger Jahren entwickelten sie die Theorie der elektroschwachen Kraft. Sie erfuhr später eine spektakuläre Bestätigung. Um diese zu verstehen, müssen wir einen weiteren Grundgedanken des Standardmodells erwähnen: Danach stellt man sich die Kraft zwischen den Bestandteilen der Materie als Austausch von „Teilchen“ vor. Wenn beispielsweise ein Elektron und ein Proton eine elektrische Wechselwirkung eingehen, so tauschen sie dabei Photonen aus, Quarks „werfen“ sich Gluonen (Klebeteilchen) zu. Die Theorie der elektroschwachen Wechselwirkung sagte nun die Existenz neuer, bislang unentdeckter Kraftteilchen, sogenannter Weakonen (von englisch weak = schwach) voraus. Im Jahre 1983 fand eine internationale Forscherkollaboration am CERN diese Teilchen, genannt W- und Z-Bosonen, deren Massen ausgezeichnet mit den Voraussagen übereinstimmten.

Die Theorie der elektroschwachen Kraft

Neben dem etwas antiquierten Argument „das haben die Physiker schon immer gemacht“, gibt es auch andere, einleuchtendere Gründe für eine Vereinheitlichung der Kräfte. So stimmen zwar alle Experimente mit Atomen und Elementarteilchen sehr genau mit den jeweiligen Angaben des Standardmodells überein, aber viele physikalische Größen lassen sich mit ihm nicht tiefgründig erklären.

Glashow, Salam, Weinberg sowie Carlo Rubbia und Simon van der Meer, die Leiter der CERN-Gruppe, wurden für Theorie und Entdeckung der W- und Z-Bosonen mit dem Physik-Nobelpreis geehrt.

So weiß man nicht, warum es ausgerechnet drei Quark-Familien gibt und nicht nur eine, die doch für den Aufbau der Atome ausreichen würde. Als gottgegeben müssen die Physiker auch die Massen der Elementarteilchen hinnehmen. Niemand kann erklären, warum die

Teilchen gerade diese Masse haben und keine andere. Nicht einmal ein Zahlengesetz ist in dem Massenspektrum der Quarks und Leptonen erkennbar.

Eine gemeinsame Urkraft

Den überzeugendsten Hinweis auf eine Urkraft, die den bislang bekannten Kräften zugrundeliegt, liefert vielleicht die elektrische Ladung. Warum beträgt die elektrische Ladung der Quarks exakt ein oder zwei Drittel der Ladung des Elektrons, obwohl doch diese beiden Teilchenfamilien, denen sie angehören, unabhängig voneinander sind und auf unterschiedliche Kräfte reagieren? Wären die Ladungen nicht aufeinander abgestimmt, könnten die Quarks keine Protonen bilden, die exakt dieselbe Ladung tragen wie die Elektronen. Es gäbe dann also keine neutralen Atome oder Moleküle und keine Materie, wie wir sie kennen. Es muß also ein grundlegendes Gesetz geben, das die Ladungen (und wohl auch die Massen) der Teilchen aus voneinander unabhängigen Familien festlegt.

Exotische Teilchen – WIMPs

Wenn es tatsächlich eine Urkraft gibt, die als Mutter der vier heutigen Kräfte anzusehen ist, wo ist sie dann? Es gilt heute als sicher, daß die Kräfte sich bei immer größeren Temperaturen vereinigen. So verschmelzen die elektrische und die schwache Kraft bei etwa 10^{15} Grad. Das ist die Temperatur, die 1983 im CERN bei Zusammenstößen von Protonen und Antiprotonen erreicht wurde. Bei 10^{29} Grad sollte sich auch noch die starke Kraft mit der elektroschwachen vereinigen und, so die Schätzungen, als letzte würde die Gravitation bei 10^{32} Grad mit den anderen Kräften eins werden. Die letzten beiden Stadien werden sich aller Voraussicht nach nie mit Beschleunigern erreichen lassen. Bei der heutigen Technik müßten die Anlagen bis zum Zentrum der Milchstraße beziehungsweise bis zum nächsten Stern reichen, um die Teilchen auf die nötigen Energien zu treiben.

Im ganz frühen Universum aber hat es diese hohen Temperaturen gegeben. Da sich die Forscher mit ihren Beschleunigern dem Urknall bis auf etwa eine zehnmilliardstel (10^{-10}) Sekunde genähert haben, sind alle Aussagen über die Zeit davor spekulativ. Man schätzt aber, daß sich die Gravitation als erste Kraft 10^{-38} Sekunden nach dem Big

Bang von der Urkraft abkoppelte, nach 10^{-36} Sekunden wurde die starke Kraft selbständig, dann folgte die inflationäre Phase, und nach 10^{-8} Sekunden spaltete sich die elektroschwache Kraft in ihre heutigen Komponenten auf.

Die Theorie zu finden, mit der sich diese allerersten Zustände der Materie beschreiben lassen, ist heute die große Aufgabe der Teilchenphysik. Der nächste Schritt, die Einbeziehung der starken Kraft in die elektroschwache, nennt man „Große Vereinheitlichung" oder Grand Unified Theory, kurz GUT. Das letztendliche Ziel, die Einheit von elektroschwacher, starker und Schwerkraft, soll dann die „Theorie für alles", kurz TOE (nach dem englischen Namen Theory of Everything), bringen.

Die Theorie für alles

SUSY-Teilchen

Es hat in den vergangenen zwanzig Jahren verschiedene Ansätze gegeben, dieses Problem zu lösen. Ebenso wie die elektroschwache Theorie die Existenz der W- und Z-Bosonen voraussagte, liefern auch die GUTs eine ganze Schar von Partikeln. Von vielen Theoretikern verfolgt wird heute die Supersymmetrie, kurz SUSY. Ihr liegt folgender Gedanke zugrunde.

Alle Teilchen besitzen eine physikalische Eigenschaft, genannt Spin. Man kann ihn sich vereinfacht als Rotation des Teilchens um seine eigene Achse vorstellen. In der Natur kommen aber nicht beliebige Spin-Werte vor, sondern sie sind gequantelt, das heißt der Spin kann nur bestimmte Werte annehmen. Die Physiker unterscheiden nun zwei Teilchengruppen. Erstens die Bosonen, deren Spin nur ganzzahlige Werte (des Einheits-Spins) annimmt. So tragen das Photon, die W- und Z-Bosonen und die Gluonen den Spin 1. Das sind genau die Kräfteaustausch-Teilchen. Die „Strukturteilchen", Quarks und Leptonen (wie Elektronen und Neutrinos) aber besitzen Spin 1/2. Man nennt sie Fermionen. Wechselwirkungs- und Strukturteilchen, Bosonen und Fermionen, unterscheiden sich also in ihrem Spin voneinander.

Während sich Spin-1-Teilchen und Spin-1/2-Teilchen jeweils untereinander ineinander umwandeln können, wurde noch nie beobachtet, daß aus einem Fermion ein Boson wird oder umgekehrt. Wie durch eine unsichtbare Mauer sind die beiden Familien voneinander geschieden. Unmittelbar nach dem Urknall, als noch alle Kräfte eins waren, sollte diese Barriere jedoch noch nicht existiert haben. Fermionen und Bosonen waren eins, die Trennung zwischen Struktur- und Wechselwirkungsteilchen gab es noch nicht. Erst als die Schwerkraft sich selbständig machte, trat die Separation in Kraft.

Wir wollen hier nicht weiter darauf eingehen, inwiefern die Supersymmetrie einige Probleme des heutigen Standardmodells, die wir oben kurz angesprochen haben, erklären könnte. Für die Kosmologen ist wichtig, daß ihnen die Kollegen aus der Teilchenphysik neue Teilchen anbieten, die gute Kandidaten für die Dunkle Materie wären. Denn als sich rund 10^{-38} Sekunden nach dem Urknall die Gravitation von den anderen Kräften abspaltete, ging die Supersymmetrie des Universums verloren. Die Physiker sagen: Die Symmetrie wurde gebrochen.

Der Bruch der Symmetrie

Seitdem befinden sich die Supersymmetrieteilchen im Universum, ohne mit ihren Partnern eine Wechselwirkung einzugehen. Die einzige Kraft, die in gewohnter Weise auf alle Teilchen gleich wirkt, ist die Gravitation. Und das ist genau die Eigenschaft, die die Kosmologen ihren Dunkle-Materie-Teilchen zuschreiben: Da sie mit der uns bekannten Materie so gut wie keine elektrische Wechselwirkung eingehen, sind sie unsichtbar, denn weder absorbieren sie Photonen (die Wechselwirkungsteilchen der elektrischen Kraft), noch senden sie Photonen aus. Und da sie weder auf die schwache noch auf die starke

Die Theorie für alles

Eine „Theorie für alles" muß das strukturlose Einerlei beinhalten. Ein Schritt in diese Richtung könnte die Supersymmetrie sein. Demnach existiert zu jedem heute bekannten Boson mit Spin 1 ein Superpartner mit Spin 1/2 und zu jedem bekannten Fermion mit Spin 1/2 ein Superpartner mit Spin 0. Das gilt sowohl für die Teilchen als auch für die Antiteilchen. Demnach gäbe es doppelt so viele Elementarteilchen wie bislang angenommen. Die supersymmetrischen Partner erhielten die Bezeichnungen Squarks (die Partner der Quarks), Sleptonen (Partner der Leptonen), Photino (Partner des Photons), Gluino (Partner des Gluons) sowie Wino und Zino (Partner der W- und Z-Bosonen).

Kraft reagieren, durchfliegen sie ungehindert jeden Detektor – nahezu ungehindert, genauer gesagt.

Es gibt allerdings eine Möglichkeit, supersymmetrische Teilchen indirekt nachzuweisen. Schießt man in großen Beschleunigern Protonen und Antiprotonen aufeinander, so entstehen in dem Zerstrahlungsblitz neue Teilchen, von denen jedes eine bestimmte Energie besitzt. Alle Teilchen müssen zusammen genau dieselbe Energie aufweisen wie Proton und Antiproton, aus denen sie hervorgegangen sind. Bei einer solchen Kollision können sich aus dem Energiefeld auch SUSY-Teilchen zusammenballen. Da sie aber nicht nachweisbar wären, müßte ihre Energie in der Energiesumme der anderen Teilchen fehlen. Eine solche Reaktion mit scheinbar fehlender Energie wäre somit ein indirekter Hinweis auf ein unsichtbares Teilchen.

Bislang wurde kein einziges SUSY-Teilchen auf diese Weise gefunden. Damit konnten die Physiker bereits einen großen Massenbereich für sie ausschließen – sofern es sie wirklich gibt.

Aus den bisherigen Experimenten ließ sich bislang schließen, daß die Superteilchen schwerer als ihre Partner sein müssen. Demnach muß das leichteste SUSY-Teilchen schwerer als 18 Milliarden eV, entsprechend 20 Protonen, sein.

Das Axion

Ein weiteres hypothetisches Teilchen, das derzeit zu den attraktivsten Kandidaten für die Dunkle Materie gezählt wird, ist das sogenannte Axion. Es folgte aus einer Theorie, die Roberto Peccei und Helen Quinn von der Stanford-Universität Ende der siebziger Jahre entwickelten. Sie beruht ebenfalls auf Symmetrieüberlegungen, allerdings nicht im Rahmen von Vereinheitlichungstheorien, sondern als Ergänzung zur Theorie der starken Kraft.

Eine leichte Alternative

Anders als die SUSY-Teilchen muß das Axion, sofern es existiert, extrem leicht sein. Die Physiker geben heute einen möglichen Massenbereich zwischen einem millionstel (10^{-6}) und einem hundertstel (10^{-2}) Elektronenvolt an. Damit ist es mindestens einige zehnmillionenmal leichter als das Elektron. Dennoch könnte seine Masse ausreichen, um das Universum „zu schließen", also den Massenparameter Ω größer als 1 werden zu lassen. Nach heutigen Urknallmodellen müßte das Axion hierfür eine Masse zwischen einem tausendstel (10^{-3}) und einem hunderttausendstel (10^{-5}) Elektronenvolt betragen.

Noch exotischer: kosmische Fehlstellen

Wie wir gesehen haben, hat das Universum in den ersten Bruchteilen einer Sekunde eine rasante Entwicklung hinter sich gebracht: Aus der einen Urkraft spalteten sich durch das Abkühlen nach und nach die vier heute bekannten Kräfte ab. Bei jedem dieser Schritte vollzog sich ein physikalischer Vorgang, den man Phasenübergang nennt. Phasenübergänge einer anderen Art kennt jeder aus dem Alltag. Wasser ist oberhalb von 100 Grad Celsius gasförmig. Kühlt man den Wasserdampf auf 100 Grad ab, so wird er flüssig. Unterhalb von null Grad Celsius kommt es zum letzten Phasenübergang: Wasser wird zu festem Eis.

Die Phasenübergänge im frühen Universum kann man sich mit dem Übergang von flüssigem Wasser zu Eis veranschaulichen. Die Physiker vermuten, daß es bei diesen Übergängen zu Fehlstellen kommen konnte, ähnlich wie im Eis Defekte auftreten, wenn das Wasser in verschiedenen Bereichen in unterschiedlicher Orientierung auskristallisiert.

Im frühen Universum könnte in solchen Fehlstellen der vorherige Zustand der Materie und der Strahlung „eingefroren" worden sein, so daß sich der Phasenübergang dort nicht vollzogen hätte und die Materie in der ungeheuren Dichte der damaligen Ära in den Defekten „eingesperrt" worden wäre. Je nach der Erscheinungsform der Fehlstellen nennt man sie Monopole (punktförmige Defekte), Strings (linienartig) oder Texturen (flächig).

In den achtziger Jahren erschienen speziell zu den fadenförmigen Fehlstellen, den kosmischen Strings, eine große Zahl von Arbeiten, die sich mit der Größe und dem Verhalten dieser spekulativen Objekte beschäftigten. Strings sollten eine Dicke von 10^{-30} Zentimetern besitzen – dagegen wirkt ein Proton mit einem Durchmesser von 10^{-12}

Kosmische Schlangengrube?

Kosmische Strings können, so die Theorien, viele Millionen Lichtjahre lang werden und wie angezupfte Saiten schwingen. Sie können zerfallen und sich mit anderen Strings verbinden. Tatsächlich erinnert so manches Szenario eines von Strings durchsetzten Universums an eine gigantische Schlangengrube.

Zentimetern geradezu gigantisch. Und ein nur ein Zentimeter langer Faden dieser Art würde auf der Erde über eine Billiarde Tonnen wiegen. Kosmische Strings wären demnach ideale Dunkle-Materie-Kandidaten: Sie wirken über die Schwerkraft, sind aber nicht direkt nachweisbar.

Die äußerst exotische Stringphysik wird heute nach wie vor von einigen Theoretikern verfolgt, die Euphorie der achtziger Jahre ist jedoch weitgehend verflogen. Zum einen ist die hierfür notwendige Mathematik sehr schwierig, und zum anderen sind Versuche, solche Raumdefekte nachzuweisen, erfolglos geblieben.

Es sei hier nur angemerkt, daß der Phasenübergang, bei dem sich die elektroschwache Kraft von der starken abspaltete, der Auslöser für die inflationäre Expansionsphase des Raumes gewesen sein soll.

WIMPs lösen kosmologische Probleme

Die Teilchenphysiker bieten also ein reichhaltiges Sammelsurium an exotischen Elementarteilchen und Raumdefekten an, das den Kosmologen ausgezeichnet als Dunkle Materie dienen könnte. Diese Teilchen werden unter dem Stichwort nicht-baryonische Materie geführt, im Gegensatz zu der gewöhnlichen baryonischen Materie. Zu den Baryonen zählen als bekannteste Teilchen die Protonen und Neutronen.

Die nicht-baryonischen Teilchen, Neutrinos, SUSY-Teilchen und Axionen, könnten eines der Probleme der Urknalltheorie lösen. Wie

Die Kandidaten für Dunkle Materie

Name	Objekte	Masse
MACHOs	Braune Zwerge,	unter 0,08 $M_\odot$
	massearme Sterne	über 0,08 $M_\odot$
WIMPs	„kalte" Teilchen	über 20 GeV
Axionen	„kalte" Teilchen	10^{-6} bis 10^{-2} eV
Neutrinos	„heiße" Teilchen	das „leichteste" unter 7 eV

wir gesehen haben, stimmt die heutige Theorie der Entstehung der leichten Elemente im Urknall nur dann mit den Beobachtungen überein, wenn der Dichteparameter Ω nicht größer als 0,15 ist. Die Theorie des inflationären Universums steht und fällt indes mit der Behauptung, daß Ω nahezu genau gleich eins ist.

Dieser Widerspruch ließe sich mit der Existenz nicht-baryonischer Materie lösen. Sie hätte wegen ihrer verschwindenden Wechselwirkung mit der baryonischen Materie keinen Einfluß auf die Elementsynthese ausgeübt, würde aber erheblich zur Gesamtmasse des Universums beitragen – sofern die nicht-baryonischen Teilchen überhaupt eine Masse besitzen. Wegen der extrem geringen Wechselwirkung nennt man diese Teilchen auch WIMPs, nach dem englischen Ausdruck „Weakly Interacting Massive Particles".

Darüber hinaus würde die nicht-baryonische Materie den Kosmologen aus einer weiteren Klemme verhelfen: Sie hätte der baryonischen Materie als „Kondensationskeim" dienen können. Damit hätte sie die Bildung von Galaxien und Galaxienhaufen, wie wir sie heute sehen, überhaupt erst ermöglicht.

Vom Urgas zu den Galaxien

„Messungen der effektiven Rauschtemperatur im Zenit mit der 20-Fuß-Hornantenne des Crawford-Hill-Laboratoriums, Holmdel, New Jersey, bei 4080 MHz ergaben einen um 3,5 K höheren Wert als erwartet.“ So beginnt eine Veröffentlichung aus dem Jahre 1965, die den Autoren 13 Jahre später den Physik-Nobelpreis einbrachte. Arno A. Penzias und Robert W. Wilson arbeiteten seit 1961 bei den Bell Telephone Laboratories und untersuchten ein Radiorauschen, das in allen Richtungen mit gleicher Intensität den Himmel erfüllte. Daß sie hiermit eine der größten Entdeckungen in der Kosmologie gemacht hatten, war ihnen gar nicht klar.

Die Hintergrundstrahlung

Erst die bereits mehrfach erwähnten Astrophysiker Dicke und Peebles von der Universität Princeton erkannten die wahre Natur dieses „Geräusches“ und machten Penzias und Wilson darauf aufmerksam: Es mußte sich um die kosmische Hintergrundstrahlung handeln, die etwa 300 000 Jahre nach dem Urknall freigesetzt worden war. Die theoretische Arbeit von Dicke und Peebles und die experimentelle von Penzias und Wilson erschienen in derselben Ausgabe des *Astrophysical Journal* unmittelbar hintereinander. Penzias und Wilson erhielten hierfür den Nobelpreis.

Eine Art Echo des Urknalls, bereits 1948 von George Gamow vorausgesagt, war entdeckt. Die Hintergrundstrahlung wird als eine der überzeugendsten Bestätigungen der Urknall-Theorie angesehen. Erinnern wir uns noch einmal kurz an die Phase, in der sie entstand.

Durch die beständige Expansion hatte sich das Universum seit dem Urknall immer weiter abgekühlt. Als es eine Temperatur von etwa 5000 Grad erreicht hatte, bewegten sich die Teilchen so langsam, daß Atomkerne Elektronen einfangen und sich so die ersten Atome bilden konnten. Man nennt diesen neuen Abschnitt in der Evolution des Universums Rekombinations-Ära, weil hier Kerne und Elektronen rekombinierten (sich vereinigten). Dadurch waren die Hauptakteure beim Einfangen der Photonen, die Elektronen, aus dem Spiel, so daß sich die Strahlung wesentlich ungehinderter zwischen den Teilchen bewegen konnte: Das Gas wurde durchsichtig.

Das Universum wird durchsichtig

Eine große Zahl an Photonen wurde nun für immer frei. Sie bewegen sich seitdem durch das Universum und erfüllen es wie ein homogenes Gas. In jedem Kubikzentimeter gibt es rund 400 Photonen, die noch aus dieser frühen Phase des Universums stammen. Diese zehn bis zwanzig Milliarden Jahre alten Zeugen registrieren wir heute als kosmische Hintergrundstrahlung.

Als die Strahlung sich damals von dem Gas „abkoppelte", wie die Astrophysiker sagen, besaß sie dieselbe Temperatur wie das Gas, also einige tausend Grad. Aber ebenso wie die Materie kühlte sich auch die Strahlung durch die Expansion immer weiter ab, bis auf die heutigen rund drei Kelvin. Diese Abkühlung kann man sich auch auf andere Weise verdeutlichen.

> Strahlung, die bei einer bestimmten Temperatur ausgesendet wird, besitzt nach dem Planckschen Strahlungsgesetz (siehe erstes Kapitel) eine bestimmte Wellenlänge. Je höher die Temperatur, desto kürzer ist sie. Als sich damals bei rund 5000 Kelvin die Strahlung vom Gas freimachte, besaß sie eine Wellenlänge von etwa drei Mikrometer. Danach wurde die Welle in demselben Maße gestreckt, wie sich der Raum ausdehnte. Heute beträgt die Wellenlänge der Hintergrundstrahlung circa 5,5 Millimeter, ist also fast zweitausendmal größer geworden. Das bedeutet, daß sich das Universum seitdem um diesen Wert ausgedehnt hat und die Temperatur nur noch drei Kelvin beträgt.

Die Saat kosmischer Strukturen

Es war klar, daß die kosmische Hintergrundstrahlung grundlegende Informationen über den Zustand des Urgases in der Rekombinations-Ära trägt, die es ihr zu entlocken galt. Diese Aufgabe entpuppte sich indes als extrem schwierig. Bei Wellenlängen unterhalb einiger Zentimeter absorbiert die Erdatmosphäre Strahlung, oberhalb davon gibt es im Weltraum, insbesondere in der Milchstraße eine Reihe von Radioquellen, die das Signal der Hintergrundstrahlung stören.

Man hatte aber herausgefunden, daß die Temperatur der Strahlung in Richtung des Virgo-Galaxienhaufens gegenüber der Durchschnittstemperatur um etwa ein Prozent erhöht und auf der entgegengesetzten Seite des Himmels um denselben Betrag verringert war. Die Ursache dieser „Dipolanisotropie" ist eine Bewegung der Milchstraße (und somit auch der Erde) relativ zu der Hintergrundstrahlung in Richtung Virgo-Haufen. Durch den Doppler-Effekt erscheint die Wellenlänge der Strahlung in dieser Richtung verkürzt und in der entgegengesetzten verlängert. Dies entspricht einer Erhöhung beziehungsweise Verringerung der gemessenen Temperatur. Dieser Beobachtungsbefund sagte also nichts über das Urgas selbst aus.

Die Milchstraße „fällt" in Richtung Virgo-Haufen

Abgesehen von dieser Anisotropie fanden die Astrophysiker bis Ende der achtziger Jahre keine weiteren Strukturen in der 3K-Strahlung. Sie erwies sich über den gesamten Himmel als außergewöhnlich gleichmäßig. Je genauer die Messungen wurden, desto mehr wurde diese Gleichförmigkeit zu einem Problem für die Kosmologie, was folgenden Grund hatte.

Bevor sich die Kerne und Elektronen zu Atomen zusammenschlossen, war das Gas, wie erwähnt, undurchsichtig. Die Strahlung stieß ständig mit den Gasteilchen zusammen und verhinderte, daß sich zufällig auftretende Verdichtungen im Gas auf Grund der Schwerkraft weiter zusammenziehen konnten. Die Photonen „boxten" solche Zusammenballungen förmlich wieder auseinander. Erst als das Gas durchsichtig und die Hintergrundstrahlung frei wurde, änderte sich die Situation. Durch Zufall entstandene Verdichtungen zogen über die Schwerkraft mehr Materie von außen an und wuchsen zu enormen Größen weiter. Hatten sie eine bestimmte Ausdehnung und Dichte

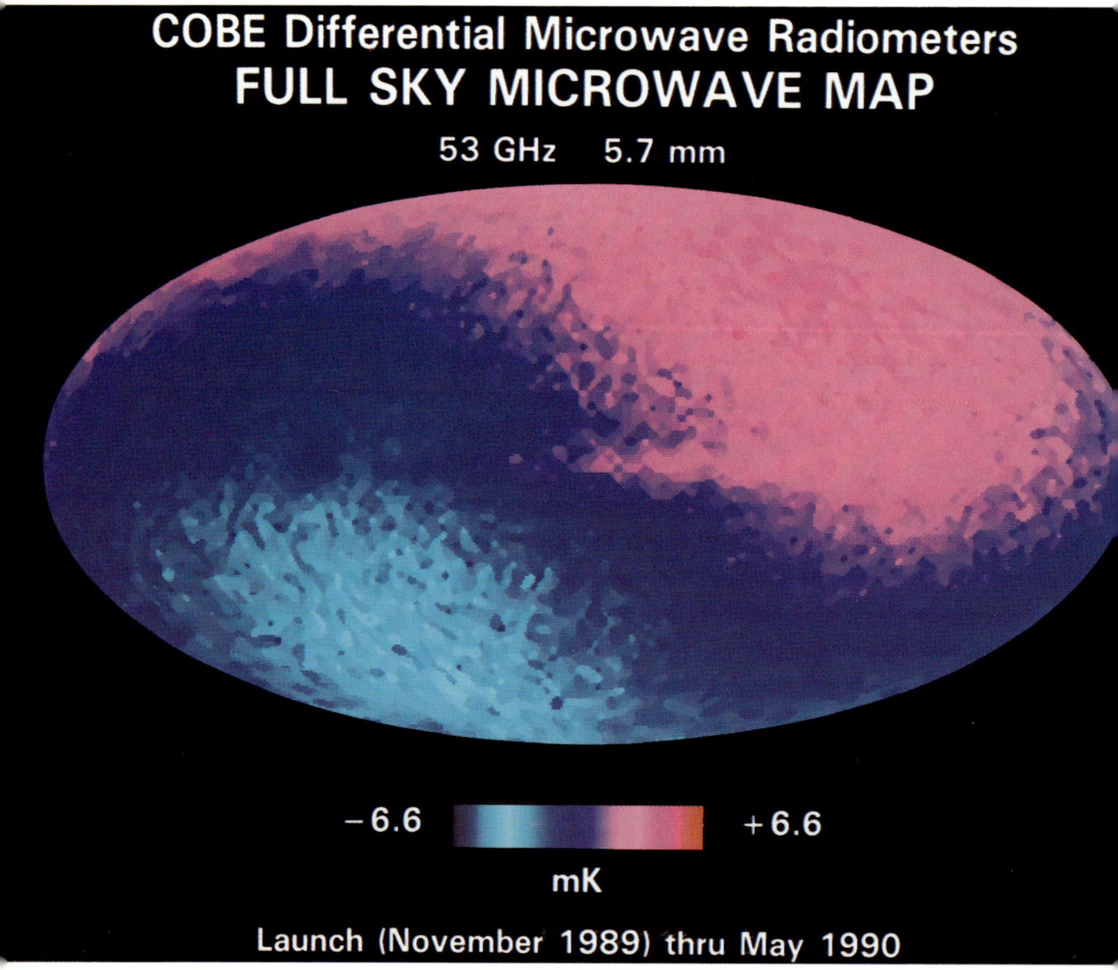

Die Dipolanisotropie in der kosmischen Hintergrundstrahlung folgt aus der Bewegung der Milchstraße relativ zur Strahlung. (Foto: NASA)

erreicht, zogen sie sich aufgrund der Schwerkraft zusammen, bis sich die heute sichtbaren Galaxien und Galaxienhaufen gebildet hatten.

Man erwartete deshalb, diese ersten Gasverdichtungen als „Flekken“ in der Hintergrundstrahlung sehen zu können. Auf Grund eines physikalischen Zusammenhangs, den wir hier nicht weiter erläutern wollen, sollten die Kondensationen eine geringfügig andere Temperatur als ihre Umgebung besitzen. Nichts dergleichen wurde jedoch beobachtet. Die 3K-Strahlung war bis auf die Meßgenauigkeit von etwa ein Promille überall gleich.

Dies erwies sich als ganz grundlegendes Problem. Man schließt nämlich daraus, daß es damals keine Klumpen im Urgas gab, in denen die Dichte mehr als etwa ein Promille größer war als in der Umgebung. Einfache Abschätzungen zeigten aber, daß sich Galaxien nur dann aus den damaligen Kondensationen bilden konnten, wenn deren Dichteunterschied wesentlich größer als dieser Wert war. Das Urgas war also demnach viel zu einförmig, als daß sich aus ihm die heute sichtbaren Strukturen, wie Galaxien und Galaxienhaufen, hätten bilden können.

Die Meßinstrumente wurden immer genauer, aber es wollten sich keine Flecken in der Hintergrundstrahlung zeigen. Die Kosmologen wurden immer unruhiger.

Hilfe durch COBE

Im November 1989 startete die NASA den Cosmic Background Explorer, COBE, in eine Erdumlaufbahn, wo er jenseits der störenden Atmosphäre vier Jahre lang ausschließlich die 3K-Strahlung beobachtete. Bereits nach wenigen Minuten hatte COBE bessere Daten gesammelt als alle vorherigen Experimente zusammen. Zwei Ergebnisse waren von herausragender Bedeutung.

Zum einen konnte die Temperatur auf exakt 2,726 Kelvin bestimmt werden. Das Spektrum wies im Rahmen der Meßgenauigkeit von einem Promille die Form des Planckschen Strahlungsgesetzes auf. Physiker schließen daraus, daß sich das Gas damals im thermischen Gleichgewicht befunden haben muß, ganz so, wie man es erwartet hatte. Damit war bewiesen, daß die Strahlung nicht etwa von weit entfernten Radioquellen stammen konnte, die ein anderes Spektrum aufweisen.

Sensationell war die zweite Entdeckung, die der Projektleiter George Smoot vom Lawrence Berkeley Laboratory im Frühjahr 1992 auf der Tagung der Amerikanischen Physikalischen Gesellschaft in Washington bekanntgab: Auf den Bildern der Hintergrundstrahlung, die man aus den Daten des ersten Beobachtungsjahres zusammengestellt hatte, zeigten sich erstmals Unregelmäßigkeiten, Bereiche, in denen die Temperatur um wenige hunderttausendstel Grad von der Durchschnittstemperatur abwich. Waren dies die ersten Anzeichen für Klumpen im Urgas, nach denen man so lange gesucht hatte?

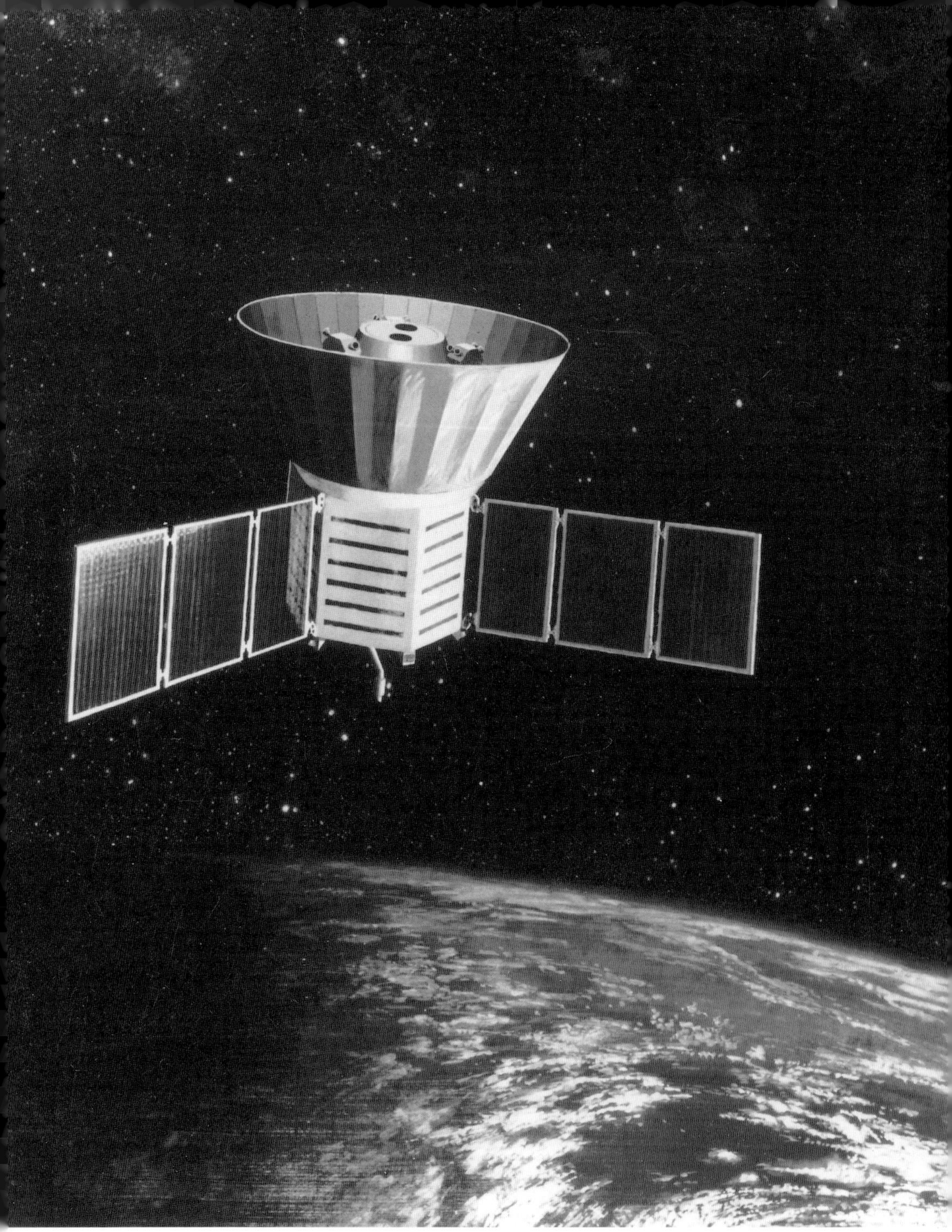

Die Himmelskarte war entstanden, nachdem die Astrophysiker mit aufwendigen Verfahren zahlreiche Störquellen (im wesentlichen die Milchstraße) entfernt hatten. Erst dann zeigten sich die Schwankungen am unteren Ende der Nachweisgrenze. Es blieben Zweifel.

Der Cosmic Background Explorer, COBE, entdeckte erstmals die Saat der Galaxienhaufen in der kosmischen Hintergrundstrahlung. (Foto: NASA)

Ende 1994 veröffentlichte das COBE-Team eine verbesserte Karte mit den Meßdaten der ersten beiden Jahre. Wieder zeigten sich die Flecken, jetzt noch deutlicher. Heute bestehen kaum noch Zweifel daran, daß Smoot und Kollegen die „Saat kosmischer Strukturen" gefunden haben. Die Nachricht schlug ein wie eine Bombe, und sofort setzte eine Flut von Arbeiten ein, in denen die Theoretiker anhand der neuen Daten die Entstehung von Galaxien und Galaxienhaufen erklären wollten.

Ein neues Problem

COBE hatte zwar ein dringendes Problem gelöst, aber ein neues aufgeworfen: Die Messungen ergaben nämlich, daß die sichtbaren Flecken in der Hintergrundstrahlung aus Gebieten stammen, deren Dichte nur einige hundertstel Promille über der des umgebenden Gases lag.

Es erscheint demnach völlig ausgeschlossen, daß sie die Keime der heutigen Galaxien oder Galaxienhaufen gewesen sein können. Solch dünne Wolken hätten sich in einem expandierenden Universum, das den Raum dehnt und nicht aneinander gebundene Teilchen voneinander entfernt, allein auf Grund der Schwerkraft selbst im Laufe von einigen Milliarden Jahren nicht zu den heutigen Galaxienhaufen verdichten können.

Daß es aber bereits in einem verhältnismäßig frühen Stadium des Universums Galaxien gab, wissen die Astronomen. Die am weitesten entfernte bekannte Galaxie sehen wir zu einem Zeitpunkt, als das Universum nur etwa zehn Prozent des heutigen Alters hatte. Bei einem heute angenommenen maximalen Weltalter von 20 Milliarden Jahren mußten also bereits spätestens nach zwei Milliarden Jahren die ersten Galaxien entstanden sein. Zu wenig Zeit für die Klumpen im Urgas.

Das Problem der Strukturentstehung verschärfte sich noch, als die Astronomen die großräumige Struktur des Universums zu verstehen begannen.

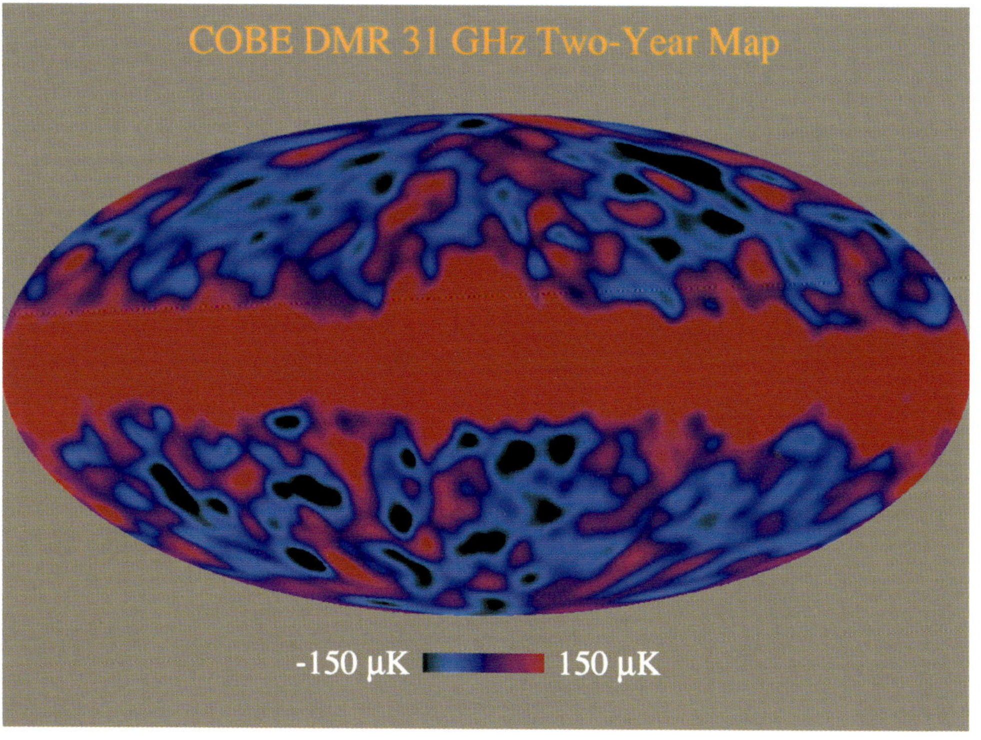

Die Flecken in der kosmischen Hintergrundstrahlung sind geringe Verdichtungen im Urgas, aus denen sich die Galaxien und Galaxienhaufen bildeten. Der breite rote Bereich geht auf die Strahlung der Milchstraße zurück. (Foto: NASA)

Superhaufen und Super-Superhaufen

Schon Fritz Zwicky hatte in den dreißiger Jahren herausgefunden, daß die Galaxien nicht homogen verstreut sind. Vielmehr findet man sie in Gruppen und Haufen versammelt, wie wir bereits im zweiten Kapitel gesehen haben.

Ende der sechziger Jahre erstellten die Astronomen Donald Shane und Carl Wirtanen vom Lick-Observatorium einen Katalog mit den Positionen von einer Million Galaxien, aus denen wenig später eine Himmelskarte entstand. Auf ihr zeigten sich riesige Galaxienansammlungen. Zahlreiche Haufen schienen zu langen Ketten aneinandergereiht zu sein und bildeten große Superhaufen. Allerdings war diese

Karte nur zweidimensional, zeigte also nicht die wahre räumliche Verteilung, sondern deren Projektion an den Himmel.

Die erste räumliche Karte fertigten John Huchra und Margaret

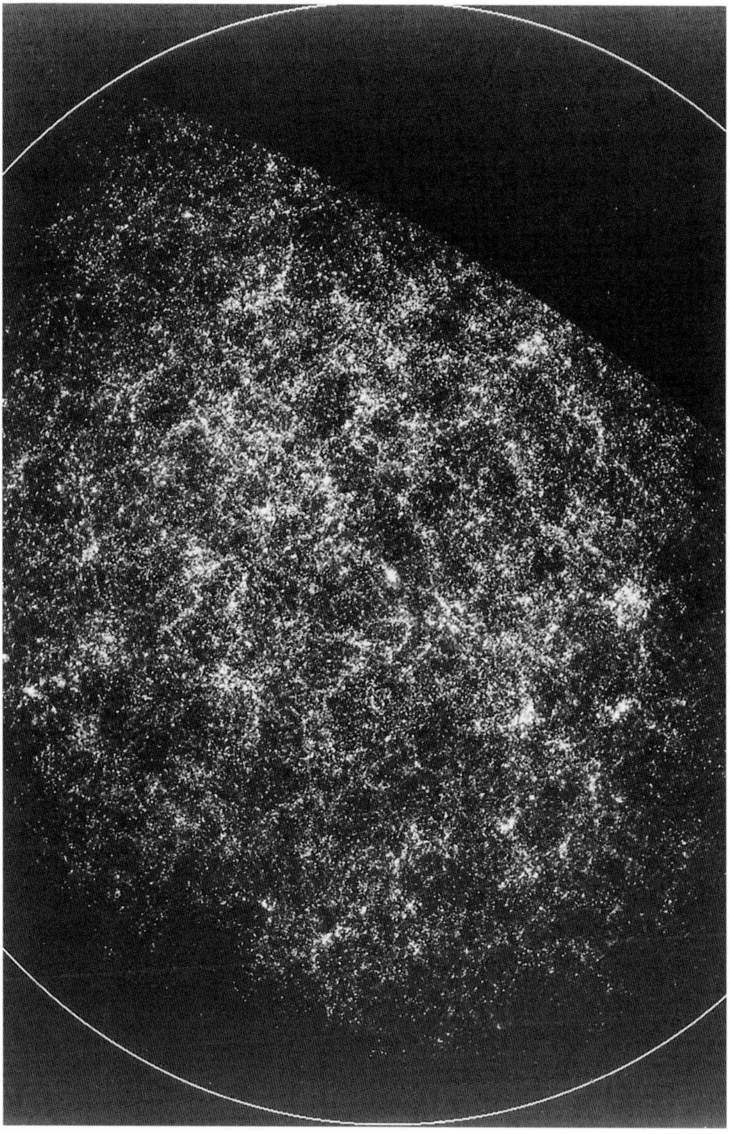

Die rund eine Million Galaxien sind nicht gleichförmig am Himmel verteilt.

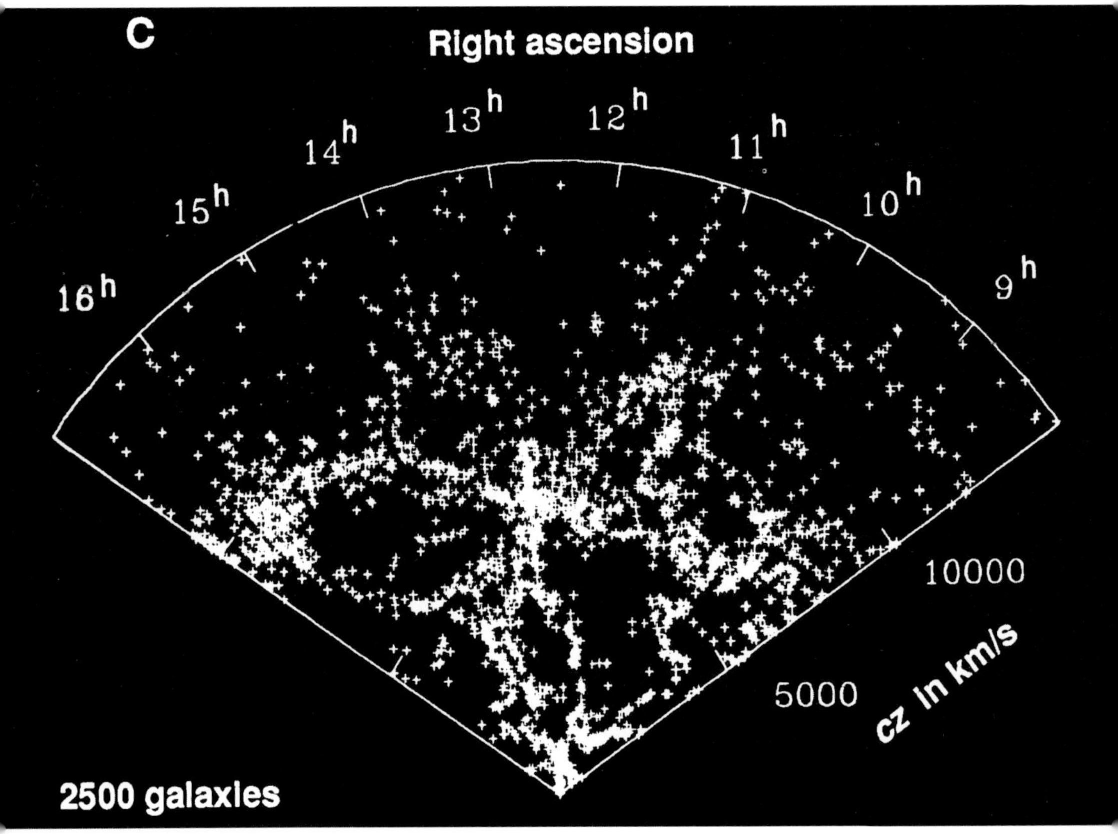

Geller vom Harvard Smithsonian Center for Astrophysics an. In jahrelanger Arbeit bestimmten sie die Rotverschiebungen der Spektren von rund 6000 Galaxien und ermittelten daraus deren Entfernungen. Auf diese Weise erhielten sie die räumliche Anordnung der Galaxien in einem begrenzten Himmelsareal bis in eine Entfernung von 600 Millionen Lichtjahren. Diese Durchmusterung bestätigte nun glänzend, was viele Astrophysiker vermutet hatten: Galaxienhaufen haben sich in länglichen oder flächenartigen Gebilden angeordnet, und zwischen ihnen gibt es große Gebiete, die nahezu leer sind. Das Universum scheint also auf großen Skalen eine blasen- oder schwammartige Struktur zu besitzen, wobei die Galaxien vornehmlich in den Wänden

Das Universum besitzt eine blasenartige Struktur

sitzen, zwischen denen sich Leerräume mit Durchmessern von bis zu 200 Millionen Lichtjahren auftun.

Besonderes Aufsehen erregte ein Gebilde, daß die Astronomen Große Mauer tauften. In diesem Super-Superhaufen sind über 2000 Galaxien in einer wandähnlichen Struktur angeordnet, die sich über eine Länge von mindestens 500 Millionen, eine Höhe von 200 Millionen und eine Dicke von nur 15 Millionen Lichtjahren erstreckt. Neuere Beobachtungen von der Südhalbkugel der Erde aus zeigten ein ähnliches Bild des Universums. Hier gibt es eine Struktur, Große Südliche Mauer genannt, die sich über eine Länge von mindestens 500 Millionen, vermutlich sogar zwei Milliarden Lichtjahren erstreckt.

Nach den heutigen Vorstellungen scheint es ganz unmöglich, daß sich solch riesige Strukturen aus dem nahezu homogenen Urgas seit der Rekombinations-Ära bilden konnten. Was stimmt nicht an dem Bild der Entstehung von Galaxien und Galaxienhaufen? Wie läßt sich der Widerspruch zwischen gleichverteiltem Gas damals und starker Strukturierung heute auflösen?

Eine Himmelsdurchmusterung bis in eine Entfernung von etwa 600 Millionen Lichtjahren vermittelt den Eindruck, als seien die Galaxien entlang von Filamenten und in Wänden verteilt. Die Erde befindet sich im Mittelpunkt des Diagramms. (Foto: Huchra und Geller, CfA, Cambridge, Massachusetts)

Dunkle Materie als Kondensationskeim

Grundvoraussetzung für die obige Überlegung war, daß die Verteilung der Strahlung derjenigen der Materie entspricht. Dies gilt aber nur für die normale Materie, die Atome, nicht jedoch für die Weakly Interacting Massive Particles, die WIMPs, über die wir im letzten Kapitel gesprochen haben. Sie besitzen genau die Eigenschaften, die sich die Kosmologen wünschen, um das obige Problem zu lösen. WIMPs und Neutrinos wirken fast ausschließlich über die Schwerkraft, nicht jedoch über die elektrische Kraft, weswegen sie unsichtbar sind.

Es besteht deshalb die Möglichkeit, daß die Dunkle Materie im Urgas klumpiger verteilt war als die normale. In der Hintergrundstrahlung würde man diese Verdichtungen nicht sehen. Sie wirkten dann sozusagen als Kondensationskeime für das umgebende Gas, das nun unter dem Einfluß des stärkeren Gravitationsfeldes der Dunklen Materie schnell kontrahieren konnte. Warum aber sollte ausgerechnet die Dunkle Materie in der Rekombinations-Ära weiter verdichtet gewesen sein als die normale?

Die Teilchen der Dunklen Materie hatten bereits einen zeitlichen Vorsprung vor der normalen Materie und verhalfen dieser in „fliegendem Start" zur Bildung dichterer Wolken.

Vor der Rekombinations-Ära wurden alle Klumpungen der normalen Materie durch Zusammenstöße der Photonen mit den Atomkernen und Elektronen wieder auseinandergetrieben. Da die Teilchen der Dunklen Materie aber mit Licht so gut wie keine Wechselwirkung eingehen, also mit den Photonen nicht zusammenstießen, konnten sie sich durch gravitative Wechselwirkung langsam und verhältnismäßig ungestört verdichten.

Nach den heutigen Vorstellungen wurden die Keime für diese Kondensationen in einer ganz frühen Phase gelegt, nämlich bereits während der inflationären Expansion des Universums, also etwa 10^{-35} Sekunden nach dem Urknall. Die Theoretiker vermuten heute, daß während dieser Phase Energiefelder, genannt Quantenfluktuationen, entstanden.

Quantenfluktuationen als Urkeime

Daß solche „Energieblasen" entstehen können, scheint auf den ersten Blick dem Energieerhaltungssatz zu widersprechen, wonach Energie weder vernichtet noch aus dem Nichts erzeugt werden kann. Möglich macht dies allerdings die Heisenbergsche Unschärferelation. Danach können winzige Energiefelder plötzlich auftauchen, müssen aber nach sehr kurzer Zeit wieder verschwinden. Aus der Energie E kann sich gemäß der Formel $E = mc^2$ ein Teilchenpaar mit der Gesamtmasse m materialisieren. Entstehen hierbei beispielsweise ein Elektron und sein Antiteilchen, ein Positron, so verschwindet das Paar bereits nach höchstens 10^{-21} Sekunden wieder. Schwerere Teilchenpaare haben eine noch kürzere Lebensdauer.

Das Universum ähnelte während der inflationären Phase einem heißen Vulkansee, in dem ständig Blasen aufsteigen und verpuffen.

In diesem Bild ist die gesamte Materie, aus der unsere heutige Welt aufgebaut ist, aus einem Energiefeld entstanden, dem sogenannten Higgs-Feld (so benannt nach seinem „Erfinder", dem englischen Physiker Peter Higgs). Man kann sich nun vorstellen, daß die Energiedichte in diesem Higgs-Feld nicht überall gleich war, sondern aufgrund der Quantenfluktuationen räumlich variierte. In Bereichen hoher Dichte entstanden viele Teilchen und in Bereichen geringer Dichte weniger Teilchen. Durch die explosionsartige Ausdehnung des Raumes wurden zuvor entstandene, mikroskopisch kleine Dichtefluktuationen zu astronomischer Größe aufgeblasen. Sie waren die eigentlichen Keime der heutigen Galaxien, um die sich die Dunkle und später die normale Materie scharte. Zahlreiche Astrophysiker meinen, daß man mit diesem Szenario die Bildung der heute beobachteten Strukturen, von den Galaxien bis zu den Superhaufen, prinzipiell verstehen kann.

Heiße Dunkle Materie

Genauso wie die Photonen sich von der Materie abkoppelten, wurden auch die Teilchen der Dunklen Materie frei, allerdings wesentlich früher, da sie kaum mit Materie wechselwirkten. Die Neutrinos machten sich bereits nach etwa einer Sekunde frei und gingen seitdem unbeeinflußt von der umgebenden Materie ihres Weges. Sie bewegten sich damals fast mit Lichtgeschwindigkeit und werden deswegen „heiße" Teilchen genannt. Die WIMPs indes bewegten sich wesentlich langsamer und werden deshalb als „kalte" Teilchen bezeichnet. Verfolgen wir zunächst das Schicksal des Universums, das von heißen Neutrinos dominiert wird.

Für die spätere Entwicklung der Klumpen im Urgas ist entscheidend, wie schnell die Teilchen zum Zeitpunkt ihrer Abkopplung waren.

Die meisten Neutrinos sausen ohne nennenswerte Kollisionen mit anderen Teilchen durch das Gas. Dennoch kommt es in zufällig vorhandenen Verdichtungen zu mehr Zusammenstößen als in den dünnen Gebieten. Wegen ihrer hohen Geschwindigkeit treiben Neutrinos kleine Klumpen auseinander. Nur Wolken, die so groß sind, daß Neutrinos sie innerhalb einer bestimmten Zeitspanne nicht durchqueren können, bleiben bestehen. Sie waren, wie Rechnungen zeigten, so groß, daß sich aus ihnen die heutigen Supergalaxienhaufen bilden konnten.

Diese entstanden zuerst. Im Laufe der Zeit zogen sich Gaswolken dieser Größenordnung aufgrund der Schwerkraft weiter zusammen und zerbrachen dabei in kleinere Fragmente. Aus ihnen entstanden die Galaxienhaufen und daraus durch weitere Fragmentation die Galaxien.

Im „Top-down-Szenario" bildeten sich die Strukturen im Universum also durch fortschreitendes Auseinanderbrechen einiger „Mutterwolken".

Als man in den achtziger Jahren begann, diesen Prozeß in Computern zu simulieren, zeigte sich zunächst, daß sich die Superhaufen tatsächlich in Form langer Schläuche und Wände anordneten und zwischen ihnen große Leerräume auftraten, ganz ähnlich, wie man es beobachtet.

Enttäuschenderweise stellte man dann aber fest, daß seit dem

Urknall nicht genug Zeit vergangen ist, damit die Urwolken in die heute bekannte große Zahl von Galaxien zerfallen konnten. Das Modell der heißen Dunklen Materie liefert also zu viele große und zu wenig kleine Strukturen. Als man dieses Problem erkannt hatte, konzentrierte man alle Hoffnungen auf die kalte Dunkle Materie.

Kalte Dunkle Materie

Die Teilchen der kalten Dunklen Materie waren bei der Entkopplung von ihrer Umgebung langsamer als die Neutrinos. Aus diesem Grunde konnten sie nur die allerkleinsten Materiewolken auseinandertreiben, während die meisten Kondensationen sich weiter verdichten konnten. Da sich kleine Klumpen schneller zusammenziehen als große, entstanden zuerst Galaxien, dann Haufen und danach Superhaufen. Man spricht deshalb auch von einem „Bottom-up-Modell", da sich die Materie von kleinen zu immer größeren Strukturen zusammenlagert.

Die bislang umfangreichste Computersimulation

Eine internationale Gruppe von Forschern mit der Bezeichnung „Virgo" verfolgte in der bislang umfangreichsten Computersimulation, wie sich Dunkle Materie im Laufe von Milliarden Jahren aufgrund der Schwerkraft entwickelt. Um die Bewegung der über 16 Millionen Testpartikel berechnen zu können, war die Leistung des neuen Supercomputers Cray T3D am Max-Planck-Institut für Astrophysik in Garching nötig. Das Ergebnis war hier ähnlich wie bei den Neutrinos: Im Laufe von Jahrmilliarden ordnete sich die Materie in Klumpen, Ketten und Wänden an, dazwischen blieben große Leerräume.

Aber hier tauchte das umgekehrte Problem auf wie bei den Neutrinos: Es entstehen zu viele kleine Strukturen, aber nicht genügend große. Mit kalter Dunkler Materie läßt sich offenbar nicht die Existenz der Großen Mauer und anderer Superhaufen erklären.

Die Mischung macht's

Einen Ausweg aus diesem Dilemma soll nun eine Mischung aus heißer und kalter Dunkler Materie bringen. Mixt man einen Cocktail aus einem Viertel heißer und Dreiviertel kalter Dunkler Materie, entstehen im Computer die großen und die kleinen Strukturen im gewünschten Maße und mit ausreichender Schnelligkeit.

Dennoch können die Theoretiker nicht gänzlich ein Universum

z = 3

z = 1

z = 0

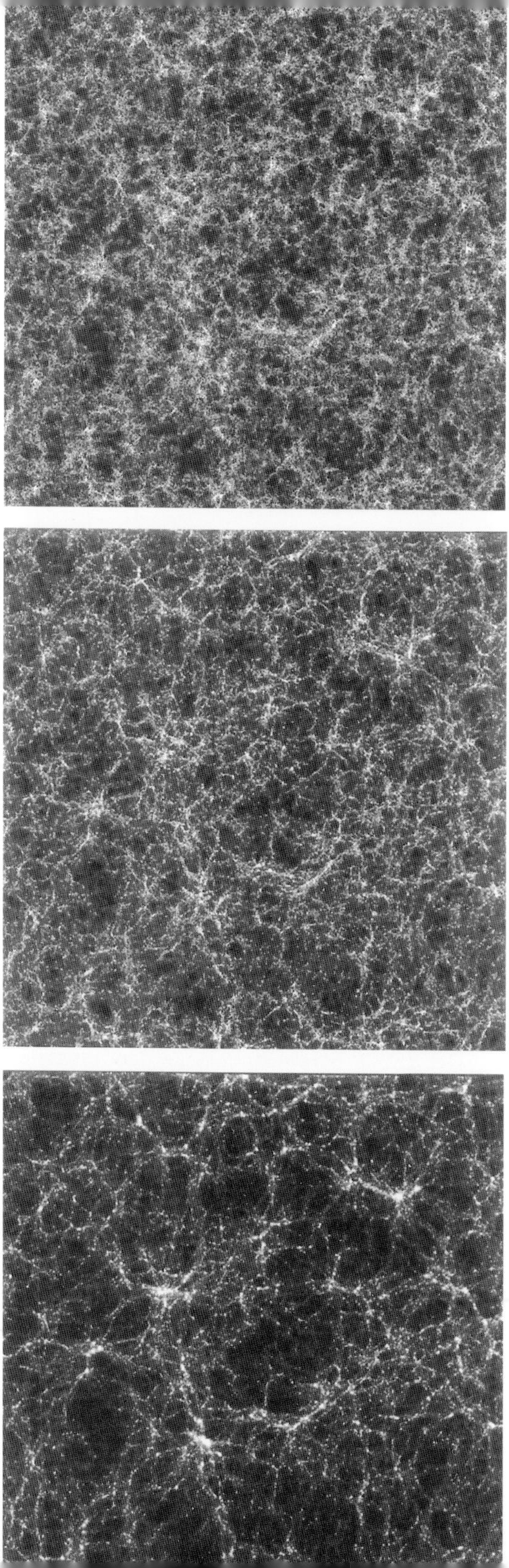

Eine internationale Gruppe von Astrophysikern hat die Entwicklung der kalten Dunklen Materie berechnet. (Foto: White/Colberg, MPI für Astrophysik, Garching)

ausschließen, das ausschließlich kalte Dunkle Materie als Kondensationskeime enthält, da die Simulationen stark vereinfachen. Zum einen repräsentiert ein Testteilchen im Computer rund 10^{80} reale Teilchen, und zum anderen muß die normale Materie nicht genauso verteilt sein wie die Dunkle. Dies ist ein grundsätzliches Problem, weil man stets die beobachtete Verteilung der leuchtenden Materie mit der theoretisch ermittelten Dunklen vergleicht.

Alles schön und gut, aber . . .

Die hier gezeigten Rechnungen können aber qualitativ gut erklären, wie sich mit dem „Katalysator“ Dunkle Materie die heutigen großen Strukturen im Universum gebildet haben könnten. Sie sind jedoch kein Beweis dafür, daß sich die Geschichte auch wirklich so abgespielt hat. Schließlich verfolgt man in den Computersimulationen lediglich die Bewegung einer großen Zahl punktförmiger Teilchen. Viele Entwicklungsschritte, wie die Entstehung von Sternen, ein veränderliches Strahlungsfeld, Supernova-Explosionen und vieles mehr, bleiben unberücksichtigt. Und die Entstehung der Galaxien ist nach wie vor eines der großen Rätsel der Kosmologie.

Abgesehen von diesen Unklarheiten scheint sich eines aber doch abzuzeichnen: Der Konstruktionsplan für den Bau der „schönsten aller Welten“ wurde in den ersten Augenblicken des Urknalls festgelegt, und ohne die geheimnisvolle Dunkle Materie wäre das Universum strukturlos.

Der größte Schwachpunkt an dem gesamten theoretischen Gebäude sind jedoch die Teilchen selbst. Weder konnte bis heute zweifelsfrei nachgewiesen werden, daß Neutrinos eine Masse besitzen, noch wurde auch nur ein einziges WIMP entdeckt. Dunkle-Materie-Teilchen sind lediglich eine Hypothese – wenn auch eine plausible. Einige wenige Forschergruppen entwickeln seit einigen Jahren Experimente, mit denen sie diese Geisterteilchen aufspüren wollen.

Jagd auf Geisterteilchen

„Wir halten keine der Sinneswahrnehmungen für Weisheit, und doch machen sie die entscheidendsten Kenntnisse der Einzeldinge aus.“ Diese Worte stammen von Aristoteles, der sich bereits vor rund 2300 Jahren darüber Gedanken machte, wie der Mensch zur Erkenntnis gelangen kann. Klar war dem griechischen Gelehrten, daß es ohne die unmittelbare Wahrnehmung nicht geht, wenngleich ihm durchaus bewußt war, daß Sinneseindrücke auch täuschen können.

Das Unsichtbare sichtbar machen

Nicht anders geht es den Forschern von heute. Zwar haben sie viele Indizien zusammengetragen, die auf eine unsichtbare Welt hinweisen, aber das genügt ihnen nicht. Sie wollen diese Geisterteilchen mit Meßgeräten nachweisen, sei es auch noch so schwierig. Welchen Aufwand Physiker betreiben, um Neutrinos einzufangen, haben wir bereits gesehen. Wie aber steht es nun mit der kalten Dunklen Materie, den WIMPs und Axionen, von denen man nicht einmal weiß, ob es sie überhaupt gibt?

Axionen in der Mikrowelle

Axionen sind bislang nur theoretisch vorhergesagte Teilchen, die eine sehr geringe Masse zwischen einem millionstel und einem tausendstel Elektronenvolt besitzen sollen. Diese Winzlinge in der Welt der Elementarteilchen flitzen durch jede Art von Materie, ohne sich auch nur einen Deut um sie zu scheren. Wie soll man sie nachweisen?

Der belgische Physiker Pierre Sikivie von der Universität Gainesville, Florida, hatte 1983 einen Gedankenblitz. Wenn ein Axion in ein starkes Magnetfeld gerät, kann es darin in ein Photon zerfallen. Dieser sogenannte Primakow-Effekt wurde bereits bei anderen Teilchen, sogenannten Pionen, beobachtet. Das Photon besitzt hierbei eine ganz bestimmte Energie, die von der Axionmasse abhängt. Bei einem mutmaßlichen Massenbereich für das Axion zwischen 10^{-6} und 10^{-3} Elektronenvolt muß die Frequenz des entstehenden Photons etwa zwischen 100 MHz und 1000 GHz liegen.

Ein Experiment zum Nachweis von Axionen sieht im Prinzip so aus: Man nehme einen Behälter, erzeuge darin ein Magnetfeld und beobachte von außen, ob irgendwann darin ein Mikrowellenblitz entsteht.

Zu Beginn der neunziger Jahre liefen zwei prinzipiell ähnliche Experimente dieser Art an, eines am Brookhaven National Laboratory, ein zweites in Gainesville. Das Brookhavener Instrument bestand aus einem Kupferzylinder mit einer Länge von 40 Zentimetern und einem Durchmesser von 20 Zentimetern, der von supraleitenden Magneten umgeben war. Dieser Zylinder wirkte wie ein Resonator, in dem die Axionen zerfallen und sich anschließend als Mikrowellen bemerkbar machen sollten.

Drei Jahre lang lief das Experiment, doch der ersehnte Erfolg blieb aus. Das bedeutet jedoch noch lange nicht das Aus für die Axion-Hypothese, denn die beiden Gruppen konnten nur einen bestimmten Massenbereich zwischen 4 und 16 millionstel Elektronenvolt absuchen. Außerdem stellt ein solcher Versuch extreme Anforderungen an die Experimentiertechnik. So beträgt die Energie der Mikrowelle kaum mehr als 10^{-24} Watt. Eines der größten Probleme besteht deshalb darin, den Kupferresonator perfekt gegen störende Mikrowellenstrahlung von außen abzuschirmen, weil andernfalls ein leiser Piepser in dem allgemeinen Rauschen unhörbar untergeht.

Eine andere Schwierigkeit bereitet das Auffinden des Mikrowellenquants. Der angegebene Frequenzbereich läßt sich nämlich nicht auf einmal erfassen, sondern muß mit einem empfindlichen Empfänger Schritt für Schritt nach einem verdächtigen Signal abgehorcht werden. Diese Aufgabe ist etwa vergleichbar damit, daß man im Radio irgendwo zwischen UKW und Langwelle einen bestimmten Sender sucht, der nur hin und wieder einen kurzen Piepston aussendet.

Derzeit entstehen zwei neue, rund fünfzigmal empfindlichere Instrumente dieser Art, eines am Lawrence Livermore National Laboratory, ein weiteres in Kyoto. In dem amerikanischen Experiment suchen die Forscher einen Massenbereich zwischen 1,2 und 3,3 millionstel Elektronenvolt ab. Hierzu scannen sie ihren Mikrowellenresonator über einen Frequenzbereich von 300 bis 800 MHz schrittweise ab. Drei Jahre wird diese Suche dauern.

Während dieses Experiment Mitte 1995 anlief, haben sich andere Physiker etwas einfallen lassen, um die anderen Kandidaten der kalten Dunklen Materie, die WIMPs, zu jagen.

WIMPs im Kristall

WIMPs müssen laut Theorie wesentlich massereicher als Axionen sein, immer vorausgesetzt, es gibt diese Teilchen. Derzeit favorisiert man einen Bereich zwischen 20 und 100 Milliarden eV, entsprechend der zwanzig- bis hundertfachen Protonenmasse. In jedem Kubikmeter könnte es schätzungsweise zwischen zehn- und hunderttausend WIMPs geben. Da sie sich heute mit Geschwindigkeiten von einigen hundert Kilometern pro Sekunde bewegen, sollten durch eine Fläche von der Größe eines Fingernagels in jeder Sekunde einige Millionen dieser Teilchen sausen.

Während die allermeisten von ihnen Materie mühelos durchdringen, stößt doch hin und wieder einmal eines mit einem Atomkern zusammen. Theoretiker schätzen, daß in jedem menschlichen Körper pro Woche etwa zwei WIMPs stecken bleiben. Diese Rate ist zwar für Physiker extrem gering, dennoch sehen sie hierin die Chance, solche Teilchen aufzuspüren, denn die Kollisionen mit den Atomkernen hinterlassen Spuren, und diese müssen sich irgendwie nachweisen lassen. WIMPs können sich verschiedenartig bemerkbar machen:

Die Physiker kennen heute drei verschiedene Möglichkeiten, wie sich WIMPs bemerkbar machen könnten.

Ionisation: Dringt ein WIMP in einen festen Körper ein und stößt hierin mit einem Atom zusammen, so kann es ein Elektron aus der Hülle herausschlagen. Damit hat es zwei elektrische Ladungen erzeugt: das positiv geladene Rest-Atom (Ion) und das negativ geladene Elektron. Würde man eine elektrische Spannung an dem Festkörper anlegen, so würden die beiden Teilchen einen Strom erzeugen, der sich grundsätzlich nachweisen ließe.

Szintillation: In manchen Kristallen und Flüssigkeiten kann ein WIMP einen kurzen Lichtblitz hervorrufen, wenn es darin auf ein

Atom prallt. Diese Szintillation könnte man mit lichtempfindlichen Detektoren beobachten.

Phononen-Anregung: Am aussichtsreichsten erscheint aber der Nachweis der dunklen Teilchen in einem Kristall, wo sie Schallwellen oder Phononen erzeugen können, wenn sie ein Atom anstoßen.

Es gibt heute weltweit nur sehr wenige Forschergruppen, die sich auf die äußerst aufwendige Jagd nach den WIMPs machen. Am weitesten fortgeschritten sind zwei Experimente. Eines entsteht als Kollaboration mehrerer amerikanischer Universitäten an der Stanford-Universität, ein anderes ist eine Gemeinschaftsarbeit des Max-Planck-Instituts für Physik und der Technischen Universität München sowie der Universität Oxford. Wir wollen uns das Experiment der deutsch-englischen Kollaboration, das auf der Phononen-Anregung beruht, genauer ansehen.

Ein Saphir spürt WIMPs auf

Trifft ein WIMP in einem Kristall auf ein Atom, so stößt es dieses an und versetzt es in Schwingungen. Diese pflanzen sich wellenartig (als Phononen) durch das gesamte Kristallgitter fort und erhöhen dadurch geringfügig die Temperatur des Kristalls. Man muß also nur noch diesen plötzlichen Temperaturanstieg messen und hat ein WIMP nachgewiesen.

Schwieriger Nachweis

Der Realisierung dieser theoretisch einfach erscheinenden Idee stehen indes vor allem zwei Umstände im Wege.

Zum einen erwarten die Theoretiker eine Temperaturerhöhung von lediglich etwa einem millionstel Grad, und zum anderen dürften pro WIMP rund eine Million anderer Teilchen in den Kristall eindringen und ebenfalls solche Gitterschwingungen erzeugen.

In diesem Bombardement würde ein WIMP sang- und klanglos untergehen.

Viele Jahre zäher Forschungsarbeit waren nötig, bevor die Physiker aus München und Oxford den Prototyp ihres Detektors fertiggestellt hatten. Das Herz des sogenannten CRESST (Cryogenic Rare Event Search with Superconducting Thermometers) sind vier würfelförmige, reine Saphire. Sie besitzen jeweils eine Seitenlänge von vier Zentimetern und wiegen 250 Gramm. Auf jeden dieser Kristalle wird auf einer Seitenfläche eine nur ein Quadratmillimeter kleine Wolfram-

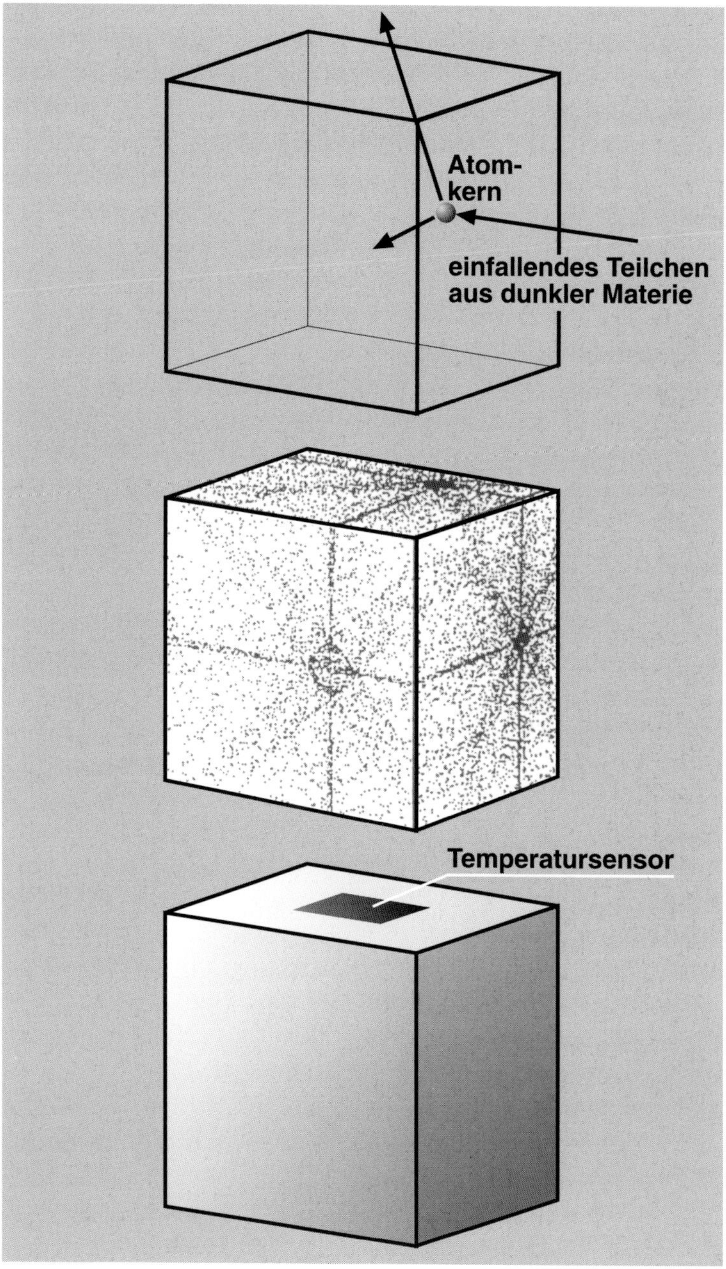

Stößt ein WIMP im Kristall mit einem Atomkern zusammen, löst es Wellen aus, die den Kristall um ein millionstel Grad erwärmen.

Der Prototyp des deutsch-britischen WIMP-Detektors. (Foto: MPI für Physik, München)

schicht aufgedampft, die als Thermometer fungiert. Hierbei macht man sich das Phänomen der Supraleitung zunutze.

Ein supraleitendes Thermometer

Jedes Metall weist einen elektrischen Widerstand auf, wenn man einen Strom hindurchschickt. Kühlt man das Metall immer weiter ab, so wird es plötzlich bei einer bestimmten Temperatur supraleitend, das heißt sein Widerstand fällt auf Null ab, der Strom fließt jetzt völlig verlustfrei. Diese sprunghafte Widerstandsänderung beim Übergang vom Normal- zum Supraleiter kann man leicht nachweisen. Insbesondere bewirkt eine geringe Temperaturänderung im Bereich der Sprungtemperatur eine verhältnismäßig große Änderung des Widerstands – das ist der Trick bei diesem Experiment.

11 tausendstel Grad über dem absoluten Nullpunkt

Wenn CRESST in Betrieb ist, wird das gesamte System auf etwa 11 tausendstel Grad über dem absoluten Nullpunkt (11 Millikelvin) abgekühlt. Dann nämlich wird das aus Wolfram bestehende Thermometer supraleitend. Die Kunst der Messung besteht darin, die Kristalle und die auf ihnen sitzenden Minithermometer genau auf der Sprungtemperatur von 11 Millikelvin zu halten. Wenn ein WIMP in dem Saphir die Temperatur ein wenig erhöht, wird sich auch die Wolframschicht etwas erwärmen und ansatzweise vom supraleitenden zum normalleitenden Zustand übergehen. Der dadurch ausgelöste Anstieg des elektrischen Widerstands läßt sich in einem Stromkreis, in dem sich das Wolframplättchen befindet, registrieren. Auf diese Weise haben die Forscher ein extrem empfindliches Thermometer gebaut – das allerdings nur im Bereich um 11 Millikelvin arbeitet.

Um das zweite große Problem, Störimpulse durch andere Teilchen, zu lösen, war ebenfalls ein großer Aufwand nötig. Diese Teilchen kommen zum einen aus dem Weltraum. Um dieser kosmischen Strahlung zu entgehen, sind die Physiker mit ihrer Anlage in das Gran-Sasso-Untergrundlaboratorium in den italienischen Abruzzen gezogen. Hier, in unmittelbarer Nachbarschaft zu dem beschriebenen Gallex-Experiment, ist die Meßapparatur durch die über 1000 Meter mächtige Felsschicht weitgehend gegen die Partikel aus dem Weltraum abgeschirmt.

Die andere Gefahrenquelle sind radioaktive Atome, deren Zer-

Das „Thermometer" auf dem Kristalldetektor ist ein supraleitender Metallfilm. Steigt die Temperatur in ihm nur geringfügig an, ändert sich der elektrische Widerstand des Films relativ stark.

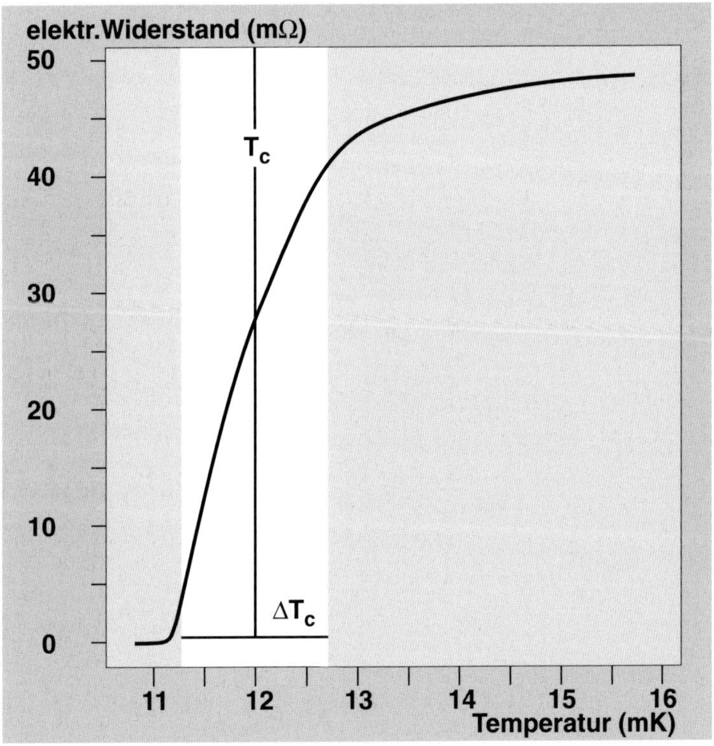

fallsprodukte im Kristall eine vergleichbare Wirkung hervorrufen wie die WIMPs. Hier kommt insbesondere Radon in Frage, das ein Folgeprodukt des natürlichen Uranzerfalls ist. Um diese Teilchen von der Apparatur fern zu halten, haben die Forscher die Saphire in ein schweres Gehäuse, das einem Panzerschrank ähnelt, eingebaut. Etwa 50 Zentimeter dicke, mehrschichtige Wände schirmen einen kleinen Hohlraum mit dem superempfindlichen Thermometer ab. Die Außenwände bestehen aus Blei, die inneren aus extrem reinem Kupfer. Da das Kupfer die Kristalle direkt umgibt, mußten die Münchener Physiker besonders darauf achten, daß dieses Material keine radioaktiven Teilchen enthält.

Kupfer aus dem Bierkeller

Normalerweise eignet sich Kupfer für diese Aufgabe besonders gut. Wenn man es allerdings längere Zeit lagert, erzeugen die Teilchen der kosmischen Strahlung darin radioaktive Substanzen, wie Cobalt-60. Um dies zu verhindern, wurden die frisch produzierten Teile unmittelbar von der Produktionsfirma in den Bierkeller einer Brauerei in der Nähe von München gebracht und dort, weitgehend abgeschirmt von der kosmischen Strahlung, gelagert, bis sie in die Meßapparatur eingebaut und schließlich in den Gran-Sasso-Tunnel gebracht wurden.

Die Vorsichtsmaßnahmen, radioaktive Elemente aus der Umgebung der Apparatur zu verbannen, mögen noch so wirkungsvoll sein, ein geringer Rest, sei es im Kupfer oder im Kristall selbst, wird sich nie vermeiden lassen. Die Physiker rechnen in ihren vier Kristallen mit einigen Ereignissen pro Tag und mit vielleicht einem WIMP in derselben Zeitspanne. Die Gretchenfrage, mit deren Beantwortung der Erfolg dieser Experimente stehen oder fallen wird, lautet deshalb: Wie kann man unterscheiden, ob ein gemessener Temperaturanstieg im Wolfram-Thermometer auf ein WIMP oder ein Störereignis zurückzuführen ist?

Ein WIMP pro Tag?

Nachdem CRESST angelaufen ist, werden die Physiker zunächst einmal versuchen, die Störereignisse zu analysieren: Wie häufig sind sie? Welche Energie haben sie? Woher kommen sie? Dann wird man hoffentlich in der Lage sein, das Experiment durch bauliche Änderungen so zu optimieren, daß der störende Hintergrund möglichst gering wird. Vielleicht wird man nach einiger Zeit anhand der Energieverteilung der gemessenen Ereignisse eine Aussage darüber machen können, ob unter der Reihe dieser Ereignisse mit einer bestimmten Wahrscheinlichkeit auch WIMPs waren.

Eine zukünftige Möglichkeit, die WIMPs von anderen Teilchen zu unterscheiden, könnte darin bestehen, mit anderen Detektoren auch die anderen Wechselwirkungsarten, Ionisation und Szintillation, nachzuweisen.

Eine „Sinneswahrnehmung", wie sie Aristoteles als Quelle der Erkenntnis angesehen hat, ist dies vielleicht noch nicht. Aber diese Art von Experimenten ist bislang beispiellos. Mit ihnen dringt man in völliges Neuland vor, in dem man zunächst einmal lernen muß, sich zurechtzufinden.

Die Ionisation entsteht, wie oben beschrieben, wenn einem Atom im Kristall bei einem Zusammenstoß ein oder mehrere Elektronen entrissen werden. Hier unterscheiden sich andere Teilchen, wie Elektronen und Photonen, in ihrer Wirkung von WIMPs. Diesen Weg des Nachweises geht die Gruppe in Berkeley mit einem Germanium-Kristall. Allerdings ist der Weg steinig, denn die Wahrscheinlichkeit dafür, daß ein WIMP ein Atom ionisiert, ist hunderttausendmal geringer als für das Auslösen eines Phonons. Eine britische Gruppe ist an diesem Vorhaben bereits gescheitert.

Die dritte Möglichkeit, nämlich ein WIMP aufzuspüren, wenn es im Kristall einen Lichtblitz auslöst, will eine französische Gruppe nutzen. Ihren sieben Kilogramm schweren Natriumjodid-Kristall, der ihnen als Szintillations-Detektor dient, haben sie ebenfalls im Gran-Sasso-Labor aufgebaut.

Die aufregende Jagd nach den ominösen Teilchen der Dunklen Materie hat gerade erst begonnen. Wann das Ziel erreicht sein wird, kann niemand sagen, wissenschaftliche Forschung im Niemandsland ist unberechenbar. Sie kann erfolglos und frustrierend sein, sie kann aber auch die Tür zu einer neuen Welt aufstoßen. Die Entdeckung von WIMPs oder Axionen würde Letzteres bedeuten.

Der Weisheit letzter Schluß?

„Viele Dinge sind unsichtbar, wir wissen aber nicht wie viele, weil wir sie nicht sehen.“ Dieses durch seine innere Logik bestechende Zitat des amerikanischen Comic-Helden Dennis the Menace könnte als Motto für die gesamte Forschung nach Dunkler Materie stehen. Dieser merkwürdige Stoff macht sich in vielen Bereichen durch seine Schwerkraft bemerkbar, ist aber in weiten Teilen, wenn man einmal von der wahrscheinlichen Entdeckung der MACHOs im Halo der Milchstraße absieht, Hypothese geblieben. Es ist deshalb durchaus verständlich, wenn Forscher immer wieder nach anderen Erklärungsmöglichkeiten für die unerklärlichen Beobachtungsbefunde suchen. Zum Abschluß dieses Buches werden wir zunächst noch einmal die Befürworter der Dunklen Materie und anschließend die Kritiker zu Wort kommen lassen.

Argumente für die Dunkle Materie

Die ersten Hinweise auf Dunkle Materie kamen aus der Erforschung der Galaxienhaufen. Aus der Untersuchung der Geschwindigkeiten ihrer Mitglieder und des heißen intergalaktischen Gases schließt man, daß das Gravitationsfeld stärker sein muß als das der Summe aller sichtbaren Galaxien zusammen. Die jüngst beobachteten Fälle des Gravitationslinseneffekts bestätigen die Vermutung, daß bis zu 90 Prozent der Materie bislang unentdeckt sind.

Aus der Rotation von Spiralgalaxien folgerte man, daß sie rund zehnmal mehr Materie enthalten müssen, als man in Form von Gas

Viele Spiralgalaxien drehen sich scheinbar zu schnell.

und Sternen sieht. Ansonsten würde die Fliehkraft diese Sternsysteme zerreißen. Man vermutet deshalb, daß die Galaxien in einen dunklen Halo eingebettet sind, der aus MACHOs und exotischer Materie besteht.

Während die bisherigen Argumente für die Existenz Dunkler Materie auf harten Beobachtungsfakten beruhen, sind die folgenden theoretischer Natur. So steht und fällt die Theorie des inflationären Universums mit der Vorhersage, daß die Massendichte im Universum fast genau der kritischen Dichte entsprechen muß. Da die sichtbare Materie nur etwa ein halbes Prozent der kritischen Dichte ausmacht, müßten folglich rund 99 Prozent unsichtbar sein. Aus der Theorie der Elementsynthese im Urknall ergibt sich andererseits, daß die normale Materie heute höchstens etwa 15 Prozent der kritischen Dichte ausmachen darf. Dies führte zu der Hypothese, daß der überwiegende Teil der Dunklen Materie nicht-baryonisch sein muß. Die Elementarteilchenphysiker liefern hierfür eine ganze Schar möglicher Kandidaten: Neutrinos, WIMPs und Axionen.

Die Entdeckung solcher Partikel könnte auch die Frage klären, wie sich aus dem extrem gleichförmig verteilten Urgas die heute sichtbaren Galaxien und Galaxienhaufen entwickeln konnten. Die Kosmologen vermuten, daß es in diesem Urgas bereits Klumpen aus Dunkler Materie gab, die heute in der Hintergrundstrahlung nicht sichtbar sind, weil sie weder Licht aussandten noch verschluckten. Aufgrund ihrer Schwerkraftwirkung könnten diese Verdichtungen aber als Kondensationskeim für die späteren Galaxien und Haufen gewirkt haben.

Gibt es Alternativen?

Wenn Astronomen ihre Beobachtungsdaten interpretieren, setzen sie hierbei stets stillschweigend voraus, daß die physikalischen Gesetze, die sie von der Erde her kennen, selbst in den entferntesten Winkeln des Universums genauso gelten.

MOND und Magnetfelder

Mordehai Milgrom vom Weizmann-Institut in Israel stellte dieses Prinzip in Frage, als er Mitte der achtziger Jahre vorschlug, das

Jenseits von Newton

Die Rotationskurven der Spiralgalaxien zeigen, daß sich die Objekte in den Außenbereichen der Galaxien zu schnell um das Zentrum bewegen. Die Milgromsche Gravitationskraft müßte demnach dort größer sein als die Newtonsche, um die Himmelskörper auf ihrer Bahn zu halten. Anders gesagt: Die Schwerkraft dürfte nicht wie von Newton behauptet mit dem Quadrat der Entfernung vom Zentrum abnehmen, sondern langsamer. Die Abweichungen vom Newtonschen Gesetz sollten erst auf einer Entfernungsskala von etwa 30 000 Lichtjahren vom Zentrum meßbare Auswirkungen haben. Auf kürzeren Distanzen, insbesondere auf der Erde, müßten Milgrom und Newton nicht unterscheidbare Kraftgesetze liefern.

Newtonsche Gravitationsgesetz so abzuändern, daß das neue Gesetz die Rotationskurven der Spiralgalaxien erklären kann.

Eine Alternative für Newton

Milgrom selbst und einige Kollegen nach ihm haben seine „**M**odifizierte **N**ewtonsche **D**ynamik“ (MOND) in verschiedenster Weise variiert, bis man mit ihr tatsächlich die Rotationskurven recht gut erklären konnte. Dennoch findet seine Idee so gut wie keinen Widerhall unter den Forschern. Sie kritisieren vor allem, daß die MOND-Theorie ad hoc aufgestellt wird, um ein einziges Phänomen zu erklären. Sie besitzt aber keine physikalische Grundlage, und insbesondere ist sie keine Gravitationstheorie wie die Allgemeine Relativitätstheorie.

Einsteins Theorie beschreibt in einheitlicher Weise Raum und Zeit und vermag eine Reihe von Phänomenen zu erklären, die ohne sie unverständlich bleiben. Hierzu zählt der mehrfach erwähnte Gravitationslinseneffekt, die Expansion des Raumes und die Zeitdilatation in starken Gravitationsfeldern. Die MOND-Hypothese tut dies nicht. Sie wirkt neben dem großen Gebäude der Allgemeinen Relativitätstheorie wie eine Gartenhütte neben dem Buckingham-Palast, die den Anspruch darauf erhebt, der zukünftige Sitz der Königsfamilie zu werden.

Auch die Wirkung von Magnetfeldern wurde immer wieder ins Feld geführt, um die flachen Rotationskurven zu erklären. Man weiß heute, daß die Spiralgalaxien von mitrotierenden Magnetfeldern durchzogen sind. Es wäre nun denkbar, daß Gas, welches zu einem bestimmten Teil ionisiert ist, das heißt elektrisch geladene Teilchen enthält, von diesem Magnetfeld mitgerissen wird, ähnlich wie ein Mixer einen Teig mitzieht. Dadurch wäre die Bewegung des Gases nicht nur durch die Gravitationskraft, sondern zusätzlich durch das Magnetfeld bedingt. Dies könnte die zu großen Geschwindigkeiten erklären.

Kritiker führen dagegen an, daß die beobachteten Magnetfelder für einen solchen Effekt zu schwach sind. Wären sie aber andererseits stark genug, würde man erwarten, daß das Gas auch senkrecht zur Galaxienscheibe aufsteigt. Die Spiralgalaxien müßten dann von der Seite gesehen dicker sein, als sie tatsächlich sind.

Einsteins größte Eselei

Das Problem der Galaxienentstehung würde verschwinden, wenn das Universum mindestens doppelt so alt wäre wie heute angenommen, denn dann wäre genügend Zeit vorhanden gewesen. Nun läßt sich das Alter des Universums aus der Hubble-Konstante ableiten. Sie gibt aber lediglich die heutige Ausdehnungsrate des Raumes an. Die Kosmologen wissen indes nicht, ob die Expansion seit dem Urknall mit konstanter Geschwindigkeit abläuft oder in irgendeiner Weise verzögert ist. Dieses Problem läßt sich an folgendem Beispiel verdeutlichen. Angenommen, wir messen die Geschwindigkeit eines vorbeifahrenden Autos und erhalten 100 Kilometer pro Stunde. Die Frage lautet nun: Wie lange hat das Auto benötigt, um die letzten 100 Kilometer zurückzulegen? Die Frage läßt sich nur dann beantworten, wenn man weiß, wie schnell es auf der gesamten Strecke gewesen ist.

Die Hubble-Konstante verrät das Alter des Universums

Bei der Expansion des Universums kann man anhand verschiedener Weltmodelle aus der Hubble-Konstante das Alter berechnen. Eines dieser Modelle ist das eines Universums, das eine inflationäre Phase hatte und heute fast genau die kritische Dichte besitzt. Es gibt aber ein anderes Modell, in dem die Expansion für einen langen Zeitraum nahezu zum Stillstand gekommen und erst langsam wieder angelaufen ist. (In unserem Beispiel würde dies bedeuten, daß der Fahrer des Autos zwischendrin eine einstündige Pause eingelegt hat.) In diesem Fall wäre das Universum bereits 30 Milliarden Jahre alt – mehr Zeit also für die Bildung von Galaxienhaufen.

Möglich wäre dies, wenn es etwas gäbe, was Einstein bereits Ende der zwanziger Jahre als „die größte Eselei seines Lebens“ bezeichnet hat: die kosmologische Konstante. Einstein hatte sie ursprünglich in die Lösungen seiner Gleichungen eingesetzt, damit diese ein statisches Universum beschreiben. Als sich dann jedoch herausstellte, daß das Universum expandiert, warf er die Konstante wieder raus. Sie verschwand also aus den Gleichungen, weil man ohne sie das Universum ausreichend gut beschreiben konnte.

In den letzten Jahren wurde über die Konstante jedoch wieder zunehmend diskutiert. Der Grund hierfür ist ein Streit um das Alter des Universums, der an die ersten Jahre nach der Entdeckung der Galaxienflucht erinnert (siehe das Kapitel „Das inflationäre Universum".) Neue Beobachtungen mit dem Hubble-Weltraumteleskop erbrachten für die Hubble-Konstante einen relativ großen Wert. Für ein geschlossenes Universum ergibt sich hieraus ein geringes Weltalter von etwa acht Milliarden Jahren. Andererseits aber weiß man, daß die ältesten Sterne in Kugelhaufen bereits mindestens zwölf Milliarden Jahre alt sind. Dieses neue Altersparadoxon wollen einige Forscher lösen, indem sie die kosmologische Konstante wieder einführen.

Einstein hatte ihren Wert so gewählt, daß sie ein statisches Universum ermöglichte. Bis heute läßt sich allerdings die Größe der Konstante durch Beobachtungen nur einschränken, nicht aber bestimmen. Wählt man für sie einen anderen Wertebereich als Einstein es tat, so wirkte sie sich kräftig auf die zeitliche Entwicklung des Universums aus. Nach dem Urknall dehnte sich der Raum zwar aus, dann aber bremste die Expansion ab und kam fast völlig zum Stillstand. In dieser rund zehn Milliarden Jahre andauernden „Bummelphase" behielt der Raum fast dieselbe Ausdehnung bei, bis dann allmählich der „Urschwung" wieder die Oberhand gewann und die Expansion erneut antrieb. Unter diesen Bedingungen könnte das Universum geschlossen und dennoch bereits 30 Milliarden Jahre alt sein. Damit hätte auch die Materie mehr Zeit gehabt, sich in Galaxienhaufen anzusammeln.

Eine Bummelphase von 10 Milliarden Jahren

Als physikalische Ursache für diese Konstante sehen die Elementarteilchenphysiker die Vakuumenergie an. Während man als Normalsterblicher unter einem Vakuum einen absolut leeren Raum versteht, sehen Physiker darin etwas ganz anderes. Auf Grund der Heisenbergschen Unschärferelation können im Vakuum ständig Teilchen entstehen und wieder verschwinden. Dieser brodelnde Partikel-

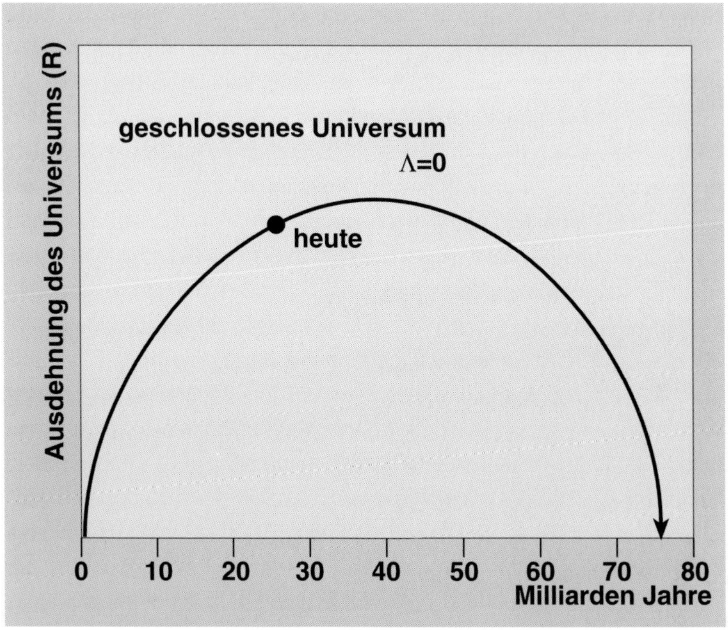

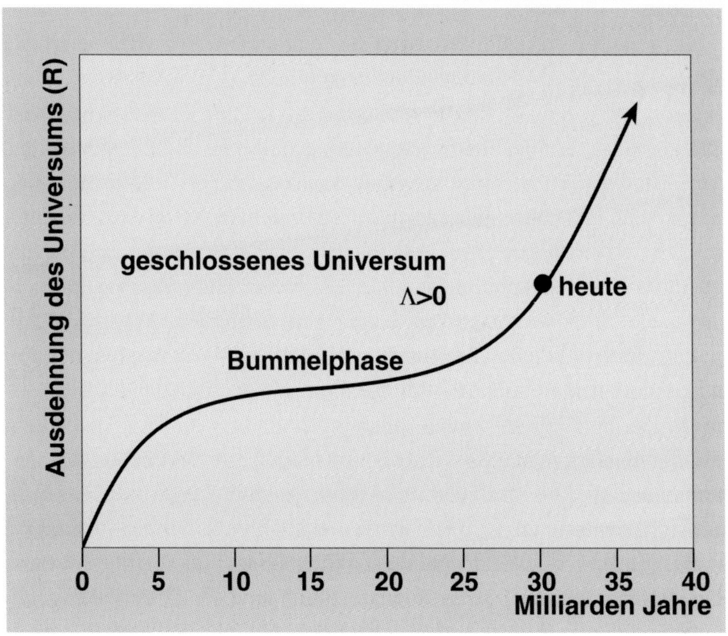

Einsteins kosmologische Konstante könnte die Expansion des Universums eine Zeitlang fast zum Stillstand gebracht haben. Dann wäre die Welt wesentlich älter als die Kosmologen vermuten.

see im Mikrokosmos stellt ein Energiefeld dar. Dieses müßte wie eine Art Antigravitation wirken und die Expansion des Raumes beschleunigen.

Schätzt man indes die Stärke dieses Feldes ab, so findet man für die kosmologische Konstante den unglaublich großen Wert von etwa 10^{100}. Die Kosmologen haben indes berechnet, daß er höchstens 0,7 betragen darf. Wäre er nämlich wirklich so groß, wie die Physiker behaupten, so hätte sich das Universum vom Urknall an bis heute unaufhaltsam explosionsartig ausgedehnt, so daß sich in ihm nie Strukturen wie Galaxien, Sterne oder Planeten hätten bilden können.

Niemand hat eine überzeugende Begründung dafür, daß die kosmologische Konstante heute so klein ist – sofern sie nicht gleich null ist. Für manche Theoretiker birgt diese Frage eines der tiefliegendsten Rätsel der heutigen Physik und Kosmologie. Insofern treibt man den Teufel mit dem Beelzebub aus, wenn man versucht, das vermeintlich zu geringe Weltalter durch die Einführung der kosmologischen Konstante zu verlängern.

Das Ende

Jeder Alternativvorschlag mag gegenüber der Hypothese der Existenz von Dunkler Materie seine Vor- und Nachteile haben. Ein gewichtiger Nachteil aber ist allen gemeinsam: Sie können stets nur ein spezielles Problem erklären. Die Dunkle Materie hingegen ist in der Lage, alle in diesem Buch vorgeführten Schwierigkeiten zu überwinden. Dennoch sollte man nicht vergessen, daß auch sie ihre Probleme hat. So mögen es Physiker im allgemeinen nicht gern, daß man ein hypothetisches Teilchen oder ein Objekt einführt, um ein unverstandenes Problem zu lösen.

Die heutige Situation erinnert in mancher Hinsicht an die der Kernphysiker Ende der zwanziger Jahre. Damals traten unüberwindliche Probleme beim Verständnis des radioaktiven Zerfalls, des sogenannten Beta-Zerfalls auf, bei dem der geheiligte Energiesatz verletzt zu sein schien. Schließlich zerschlug Wolfgang Pauli diesen Gordischen Knoten, indem er sagte: „Heute habe ich etwas getan, was man in der theoretischen Physik nie tun darf. Ich habe etwas, was nicht verstanden ist, durch etwas erklärt, was nicht beobachtbar ist". Er meinte ein hypothetisches Teilchen, das Enrico Fermi ein Jahr danach Neutrino nannte. Erst ein Vierteljahrhundert nach Paulis Proklamation wurde erstmals ein Neutrino nachgewiesen. Mit den WIMPs, Axionen und möglichen anderen Teilchen mag es uns eines Tages genauso ergehen.

Sollte es sich bewahrheiten, daß tatsächlich über 90 Prozent aller Materie im Universum unsichtbar sind und die gewaltigen Galaxien nichts weiter sind als Schaumkronen auf einem riesigen, unsichtbaren Meer, so käme dies einer neuerlichen kopernikanischen Revolution gleich. Denn dann wäre die Dunkle Materie dafür verantwortlich, daß es überhaupt Sterne und Planeten und also auch Leben gibt. Darüber hinaus würde sie die zukünftige Entwicklung des Universums lenken und darüber entscheiden, ob die Welt auf ewig weiter expandieren wird oder ob die Expansion irgendwann zum Stillstand kommen und sich in einen Kollaps umkehren wird, der dann in einem riesigen Feuerball endet. Dieser könnte der Beginn eines neuen Universums sein, ein neuer Urknall.

Vielleicht werden Menschen irgendwann die Entdeckung der Dunklen Materie etwa so empfinden, wie Goethe die kopernikanische Revolution empfunden und in seiner Farbenlehre gewertet hat: „Doch unter allen Entdeckungen und Überzeugungen möchte nichts eine größere Wirkung auf den menschlichen Geist hervorgebracht haben als die Lehre des Kopernikus. Kaum war die Welt als rund anerkannt und in sich selbst abgeschlossen, so sollte sie auf das ungeheure Vorrecht Verzicht tun, der Mittelpunkt des Weltalls zu sein. Vielleicht ist noch nie eine größere Forderung an die Menschheit geschehen".

Wichtige Schritte auf dem Weg zum Verständnis der Dunklen Materie

1933 Fritz Zwicky beobachtet auf Mount Wilson den Coma-Galaxienhaufen. Dabei stellt er fest, daß sich die Mitglieder wesentlich schneller bewegen, als er es aufgrund der Gesamtmaterie aller Galaxien erwartet hatte. Er schätzt ab, daß „die Materiedichte 400mal größer sein muß als die aufgrund von Beobachtungen an leuchtender Materie abgeleitete".

1936 Einstein veröffentlicht eine Arbeit über „die linsenähnliche Wirkung eines Sterns". Sie ist die theoretische Grundlage für den Gravitationslinseneffekt, den Einstein noch für eine akademische Spielerei hält. In jüngster Zeit ist er für die Erforschung der Dunklen Materie von wesentlicher Bedeutung geworden.

1937 Fritz Zwicky erkennt die Möglichkeit, daß der Gravitationslinseneffekt bei Galaxienhaufen beobachtbar sein sollte.

1946 Die Physiker George Gamow, Hans Bethe und Herman Alpher veröffentlichen ihre Theorie zur Entstehung der Elemente im Urknall. Diese Theorie bildet die Grundlage für heutige Computerrechnungen, mit denen man die mittlere Materiedichte im Universum bestimmt.

1956 Amerikanische Physiker finden das 1930 von Wolfgang Pauli vorhergesagte Neutrino. Es gilt heute als Kandidat für Dunkle-Materie-Teilchen.

1965 Arno Penzias und Robert Wilson entdecken die kosmische Hintergrundstrahlung, das Echo des Urknalls. Die Gleichförmigkeit des Strahlungsfeldes läßt sich nur schwer mit der heutigen Materieverteilung im Universum in Einklang bringen. Dunkle Materie würde bei diesem Problem helfen.

1970 Mit dem Röntgensatelliten Uhuru entdeckt man bis dahin unbekanntes heißes intergalaktisches Gas in den Galaxienhaufen.

1975 In diesem Jahr etwa beginnen amerikanische Astronomen damit, die Rotation von Spiralgalaxien bis in große Entfernungen vom Kern zu beobachten. Sie finden dabei deutliche Hinweise auf große Mengen unsichtbarer Materie.

1979 Ein Team amerikanischer und britischer Astronomen entdeckt die erste Gravitationslinse.

Der Physiker Alan Guth trägt sein Modell des inflationären Universums vor. Es verlangt, daß die Dichte im Universum den Wert der kritischen Dichte besitzt. **1980**

Der in Princeton arbeitende Astrophysiker Bohdan Paczynski ruft seine Kollegen zur Suche nach den dunklen Objekten im Halo der Milchstraße, den sogenannten MACHOs, auf. **1986**

Zwei amerikanische Astronomen entdecken die ersten leuchtenden Bögen in Galaxienhaufen. Sie entstehen aufgrund des 50 Jahre zuvor vorhergesagten Gravitationslinseneffekts. **1987**

Im kalifornischen Livermore treffen sich Astrophysiker, um über die ersten Suchprogramme für MACHOs zu beraten. Drei Gruppen beginnen daraufhin mit der Suche. **1989**

Mit dem Röntgensatelliten ROSAT gelingt es, in Galaxienhaufen die Masse des intergalaktischen Gases zu bestimmen. Es trägt je nach Haufen 10 bis 40 Prozent zur Gesamtmasse bei. **1990**

Erste Versuche zum Nachweis von Axionen laufen an. Sie bleiben erfolglos. Axionen sind theoretisch vorhergesagte Teilchen, die geeignete Kandidaten für die Dunkle Materie wären. **1990**

Der COBE-Satellit zeigt erstmals Unregelmäßigkeiten in der kosmischen Hintergrundstrahlung. Sie werden als Keime der Galaxienhaufen gedeutet. **1992**

Zwei Forschergruppen melden die Entdeckung von MACHOs im Halo der Milchstraße. Die Körper hatten sich durch einen Helligkeitsanstieg, hervorgerufen durch den Mikrogravitationslinsen-Effekt, bemerkbar gemacht. **1993**

Eine Aufnahme des Galaxienhaufens Abell 2218 zeigt rund 120 Bögen und Arclets, die durch die Gravitationslinsenwirkung der Haufenmaterie entstehen. **1994**

Im Gran Sasso beginnen Testmessungen mit einem Saphir-Detektor, mit dem deutsche und englische Physiker WIMPs nachweisen wollen. WIMPs, **W**eakly **I**nteracting **M**assive **P**articles, sind theoretisch vorhergesagte Teilchen, die geeignete Kandidaten für die Dunkle Materie wären. **1996**

Register